数值天气预报实习教程

曹　杰　杨若文　桂　术　编著

气象出版社
China Meteorological Press

内容简介

数值天气预报作为当今天气气候预测的重要手段在气象业务和研究中发挥着重要的作用。本书在简明而系统地介绍数值天气预报的基本理论和方法的基础上，从简入深地介绍了多种地图投影方式、差分格式、一维线性平流方程、正压原始方程模式、中尺度天气预报模式 WRF 单重及多重嵌套数值实验等内容，并初步介绍了 WRF 在强降雨过程模拟中的应用。通过本书的学习，可以帮助读者掌握数值天气预报的基本原理和方法。本书可作为高等院校大气科学高年级本科生教材，也可供大气科学领域的科研、教学和业务人员使用。

图书在版编目（CIP）数据

数值天气预报实习教程 / 曹杰，杨若文，桂术编著. -- 北京 : 气象出版社，2022.3
ISBN 978-7-5029-7683-5

Ⅰ. ①数… Ⅱ. ①曹… ②杨… ③桂… Ⅲ. ①数值天气预报－教育实习－高等学校－教材 Ⅳ. ①P456.7-45

中国版本图书馆CIP数据核字(2022)第050821号

数值天气预报实习教程

Shuzhi Tianqi Yubao Shixi Jiaocheng

出版发行：气象出版社
地　　址：北京市海淀区中关村南大街 46 号　　**邮政编码**：100081
电　　话：010-68407112(总编室)　010-68408042(发行部)
网　　址：http://www.qxcbs.com　　**E-mail**：qxcbs@cma.gov.cn
责任编辑：张锐锐　刘瑞婷　　**终　　审**：吴晓鹏
责任校对：张硕杰　　**责任技编**：赵相宁
封面设计：艺点设计
印　　刷：北京中石油彩色印刷有限责任公司
开　　本：720 mm×960 mm　1/16　　**印　　张**：12
字　　数：255 千字
版　　次：2022 年 3 月第 1 版　　**印　　次**：2022 年 3 月第 1 次印刷
定　　价：58.00 元

前　　言

数值天气预报作为当今天气气候预测的重要手段在气象业务和研究中发挥着重要的作用。数值天气预报也是大气科学类学生必须学习的重要课程之一，但尚缺乏一本理论与实践并重的数值天气预报教材。为此，我们根据以往的教学实践经验，整合了当前气象业务和科研领域的常用计算机编程技术，编写了此部数值天气预报实习教程。

本书在简明扼要地介绍了数值天气预报涉及的相关知识点的基础上，配合MATLAB和NCL等多种气象领域常用的计算机语言编写的详细程序示例，从简入深地介绍了多种地图投影方式、差分格式、一维线性平流方程、正压原始方程模式等内容；此外，以中尺度天气预报模式WRF为例对单重及多重嵌套数值实验进行了详细解析，并应用WRF对一次强降雨过程进行了模拟应用。

在本书的编写过程中，作者力求相关内容简明实用，但也难免出现一些错误和不足之处，恳请广大读者批评指正。本书由三位作者共同完成，三人具有同等贡献，排名不分先后。

作者

2022年1月

目　　录

实习 1　σ 和 p 坐标系的转换

1.1　实习目的

通过气象要素场在不同垂直坐标系间转换的学习，使学生掌握气象要素场在 σ 和 p 坐标系中相互转换的基本计算方法。

1.2　实习要求

编写并提交实现气象要素场在 σ 和 p 坐标系之间相互转换的 MATLAB 程序。要求学生在机房现场操作，撰写实习报告，教师进行随堂讲解和指导。

1.3　相关知识回顾

由于垂直坐标涉及气象要素场的变化，因此，垂直坐标转换不仅需要满足数学上的要求，而且还需要具有相应的物理意义。设 s 为大气中任意物理量场，$s=s(x,y,z,t)$ 是一个四维时空坐标的函数，从局地直角坐标系（z 坐标系）变换到 s 坐标系的一般公式可写为

$$\begin{cases} \bar{x}=x \\ \bar{y}=y \\ s=s(x,y,z,t) \\ \bar{t}=t \end{cases} \tag{1.1}$$

若 s 及其对 x,y,z,t 的一阶微商在整个大气中连续，则其坐标变换的一阶微商行列式可写为

$$J=\begin{vmatrix} 1 & 0 & 0 & 0 \\ 0 & 1 & 0 & 0 \\ \dfrac{\partial s}{\partial x} & \dfrac{\partial s}{\partial y} & \dfrac{\partial s}{\partial z} & \dfrac{\partial s}{\partial t} \\ 0 & 0 & 0 & 1 \end{vmatrix}=\frac{\partial s}{\partial z} \tag{1.2}$$

根据隐函数存在定理，当 $\dfrac{\partial s}{\partial z}\neq 0$ 时才有唯一逆变换。因此，对于相同的 x,y,z 值，s 是 z 的严格单调函数。这是垂直坐标变换需要满足的数学要求。

p 坐标系选取气压场作为垂直坐标的物理基础是大尺度大气运动满足静力平衡关系：

$$\frac{\partial p}{\partial z}=-\rho g \tag{1.3}$$

由于空气密度 $\rho>0$，$\frac{\partial p}{\partial z}<0$，气压随高度增加而单调递减，这就保证了 p 是 z 的单调函数。静力平衡关系也是采用 p 坐标系的物理约束，对于包含强烈垂直运动的天气现象，不适宜在 p 坐标系下进行描述。在日常气象业务工作中，采用 p 坐标系便于分析气象要素场在等压面上的空间分布。但有地形起伏时，地表面处气压的时空变化很大，由此产生的下边界条件复杂，不便于研究地形对大气运动的影响。为了克服地形导致的复杂下边界问题，Phillips(1957)提出了一种的地形追随坐标系 $s(x,y,\sigma,t)$，简称 σ 坐标系。它的垂直坐标定义为

$$\sigma=\frac{p-p_T}{p_s-p_T} \tag{1.4}$$

其中，p_T 为大气上界气压，一般取为某一常数或者设为 0，p_s 为地表面气压。在地表层 $\sigma=1$，而在大气上界 $\sigma=0$。σ 坐标系中的垂直速度定义为

$$\dot{\sigma}=\frac{\mathrm{d}\sigma}{\mathrm{d}t} \tag{1.5}$$

空气微团沿地表面运动时，由于地表面处的 σ 是常数，总满足 $\dot{\sigma}=0$。因此，σ 坐标系中的上边界条件和下边界条件可取为

$$\begin{cases}\sigma=0,\dot{\sigma}=0\\ \sigma=1,\dot{\sigma}=0\end{cases} \tag{1.6}$$

由式(1.4)可知 σ 也是气压 p 的单调函数，应用式(1.4)可以将气象要素从 p 坐标系转化到 σ 坐标系。同理，应用式(1.7)可以将气象要素从 σ 坐标系转换为 p 坐标系中。

$$p=\sigma\times(p_s-p_T)+p_T \tag{1.7}$$

1.4 实习内容

(1)设大气上界 $p_T=0$，编写 MATLAB 程序，读入等压面层上的气象再分析数据，并把它转换为 σ 面上的值。

实验步骤及程序示例

1)读取插值所需数据(以 2012 年 1 月平均 ERA5 气温数据为例)

1	`data_folder = 'C:\Users\john\Downloads\';`	指定数据存放路径
2	`surface_pressure=ncread([data_folder,'ERA5_surface_pressure_201201.nc'],'sp');`	读取地表气压和气温数据
3	`temperature=ncread([data_folder,'ERA5_temperature_201201.nc'],'t');`	

4	pressure_ levels = ncread ([data _ folder, ' ERA5 _ temperature _ 201201. nc'], 'level');	读取气温数据的等压面值，转换单位为 Pa
5	pressure_levels=pressure_levels * 100;	
6	lons=ncread([data_folder, 'ERA5_temperature_201201. nc'], 'longitude');	读取气温数据的经纬度信息，为插值做准备
7	lats=ncread([data_folder, 'ERA5_temperature_201201. nc'], 'latitude');	

2)设置 σ 面值并把等压面层数据插值到 σ 面上

1	sigma _ levels = [0. 99500 0. 97999 0. 94995 0. 89988 0. 82977 0. 74468 0. 64954 ... 0. 54946 0. 45447 0. 36948 0. 29450 0. 22953 0. 17457 0. 12440 0. 0846830... 0. 0598005 0. 0449337 0. 0349146 0. 0248800 0. 00829901];	设置等 σ 面为 0-1 之间的单调递减序列
2	nlev=numel(sigma_levels);	计算数据经纬度和高度的维数，并初始化 σ 面上的气温场
3	nlat=size(temperature,2);	
4	nlon=size(temperature,1);	
5	temperature_sigma=zeros(nlon,nlat,nlev);	
6	for i=1:nlon	根据公式(1.7)计算每个格点的 σ 面所对应的气压场，采用样条插值方法将等压面上的气温场插值到 σ 面上。计算结果存储在维度分别为经度、纬度和高度的三维数组 temperature_sigma 中。
7	for j=1:nlat	
8	sigma_plev=surface_pressure(i,j) * sigma_levels;	
9	temperature_sigma(i,j,:)=interp1 (pressure_levels, squeeze(temperature(i,j,:)), sigma_plev, 'spline');	
10	end	
11	end	

(2)设大气上界 $p_T=0$，编写 MATLAB 程序，把 σ 面上的数据转换为 p 坐标系上的值。

实验步骤及程序示例

1)设置等压面数值并把 σ 面层的数据插值到等压面上

1	p_levels=[925 875 825 775 725 675 625 575 550 475 425 375 325 275 225 175 125] * 100;	设置等压面值

续表

nlev=numel(p_levels); temperature_pressure=zeros(nlon,nlat,nlev);	初始化等压面上的气温场

for i=1:nlon
    for j=1:nlat
        pressure_siglev=p_levels /surface_pressure(i,j);
        temperature_pressure(i,j,:)=interp1
        (sigma_levels,
        squeeze(temperature_sigma(i,j,:)),
        pressure_siglev,'spline',nan);
    end
end
	根据公式(1.4)计算每个格点的等压面所对应的σ值，将等σ面上的气温场插值到等压面上。计算结果存储在三维数组temperature_sigma中，其维度分别为经度、纬度和高度。

2)绘图检查插值结果(以825 hPa为例)

test_plev=825;	设置比较的等压面层为825 hPa

for i=1:nlon
    temperature(i,
    surface_pressure(i,:)<test_plev*100,
    pressure_levels==test_plev*100)
    =NaN;
end
	把地表层以下的ERA5气温数据赋值为缺测

subplot(3,1,1)	以上下分布方式建立组图，打开第一个子图
m_proj('Robinson','clo',181);	采用M_Map软件包，设置地图投影方式和中央经度值
[cs,h]=m_contour(lons,lats,temperature(:,:,pressure_levels==test_plev*100)','-k');	以黑色等值线绘制825 hPa等压面上的气温场
h.LevelStep=10;	设置等值线间隔
clabel(cs,h,'LabelSpacing',1000,'fontsize',7);	增加等值线标注
m_coast('linewidth',1,'color',[123,123,123]/255);	标注灰色海岸线
m_grid('Fontsize',8); text(-3.5,2,'(a)','Fontsize',12)	转换为地图投影对应的经纬度坐标，设置子图标题

续表

13	subplot(3,1,2)	打开第二个子图绘制 σ 面层的气温场,以同样的方式设置地图投影方式、中央经度、海岸线标识、等值线间隔、等值线标注、经纬度坐标和子图标题
14	m_proj('Robinson','clo',181);	
15	[cs,h]=m_contour(lons,lats,temperature_sigma(:,:,1)','-k'); h. LevelStep=10;	
16	clabel(cs,h,'LabelSpacing',1000,'fontsize',7);	
17	m_coast('linewidth',1,'color',[123,123,123]/255);	
18	m_grid('Fontsize',8);	
19	text(−3.5,2,'(b)','Fontsize',12)	
20	subplot(3,1,3)	打开第三个子图绘制插值回 p 坐标系的 825 hPa 气温场,以同样的方式设置地图投影方式、中央经度、海岸线标识、等值线间隔、等值线标注、经纬度坐标和子图标题
21	m_proj('Robinson','clo',181);	
22	[cs,h]=m_contour(lons,lats,temperature_pressure(:,:,p_levels==test_plev * 100)','−k');	
23	h. LevelStep=10;	
24	clabel(cs,h,'LabelSpacing',1000,'fontsize',7);	
25	m_coast('linewidth',1,'color',[123,123,123]/255);	
26	m_grid('Fontsize',8);	
27	text(−3.5,2,'(c)','Fontsize',12)	
28	max(max(abs(temperature_pressure(:,:,p_levels==test_plev * 100)−temperature(:,:,pressure_levels== test_plev * 100))))	计算坐标转换前后气温数据差值的最大绝对值,定量化比较插值带来的影响

程序示例为 convert_between_p_and_sigma.m。图形输出结果如图 1.1 所示。

(a)

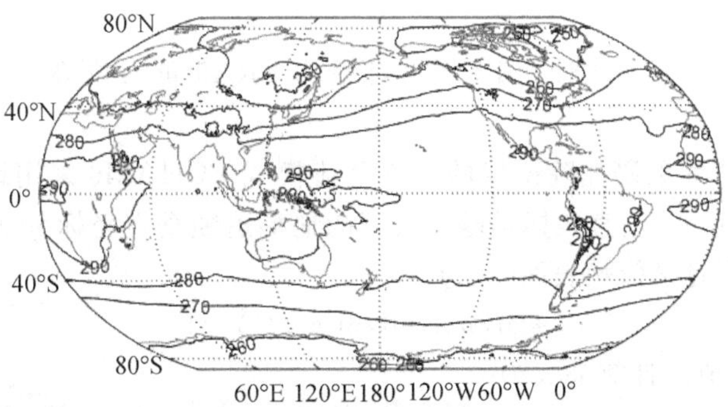

(b)

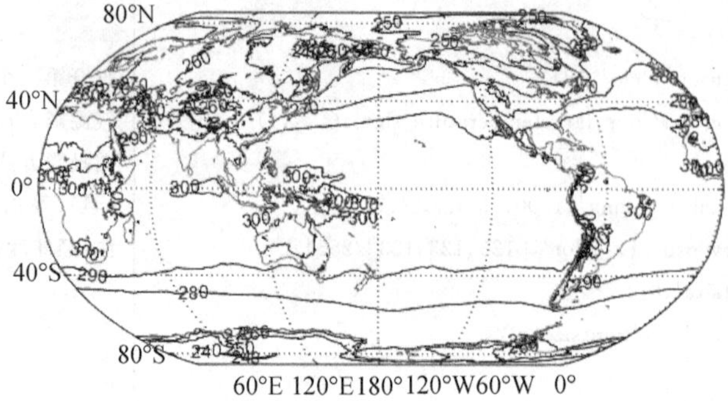

(c)

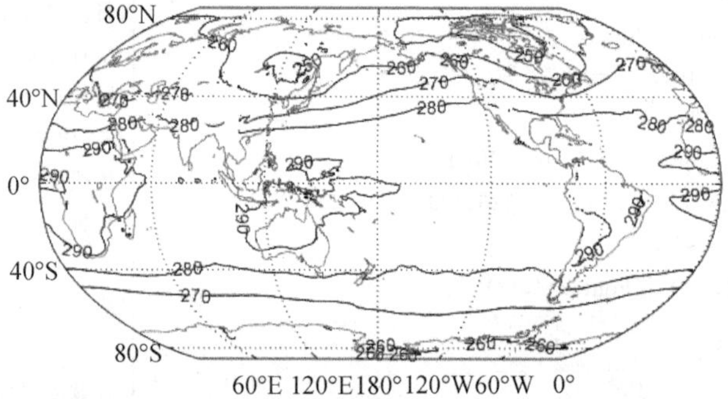

图 1.1　825 hPa 气温场的坐标系转换结果

(a)ERA5 再分析数据 2012 年 1 月平均 825 hPa 气温场(单位:K);

(b)p 坐标插值到 $\sigma=0.995$ 层的 2012 年 1 月平均气温场(单位:K);

(c)σ 坐标插值到 p 坐标 825 hPa 的 2012 年 1 月平均气温场(单位:K)

习题

(1)根据示例程序,试对 2012 年 1 月平均 ERA5 重力位势高度场进行坐标系转换。

(2)德国马普气象研究院研发的大气环流模式 ECHAM6 采用地形追随混合坐标系($\sigma-p$ 坐标系)。垂直坐标是基于气压的地形追随垂直坐标 $\eta(p,p_s)$,它是气压 p 的单调函数,同时又依赖表面气压 p_s

$$\eta(0,p_s)=0,\eta(p_s,p_s)=1 \tag{1.8}$$

模式“半层”值的计算公式为

$$p_{k+1/2}=A_{k+1/2}+B_{k+1/2}p_s \tag{1.9}$$

其中,$k=0,1,2,\cdots,NLEV$($NLEV$ 表示模式在垂直方向上的总层数),$A_{k+1/2}$ 和

$B_{k+1/2}$为常数，p_s表示地表气压。模式垂直层的气压为相邻半层值的平均

$$p_k = \frac{1}{2}(p_{k+1/2} + p_{k-1/2}) \tag{1.10}$$

模式层$\eta_{k+1/2}$的计算公式为

$$\eta_{k+1/2} = \frac{A_{k+1/2}}{p_0} + B_{k+1/2} \tag{1.11}$$

其中，p_0是海平面气压参考值 101325 Pa，采用线性插值计算模式层 η

$$\eta = \eta_{k+1/2} + \frac{(p - p_{k+1/2})(\eta_{k+1/2} - \eta_{k-1/2})}{p_{k+1/2} - p_{k-1/2}} \tag{1.12}$$

其中，$p_{k-1/2} < p < p_{k+1/2}$。

根据计算模式垂直层的 MATLAB 程序 L19_pres. m，尝试把 2012 年 1 月平均 ERA5 气温场从 p 坐标系转换到 ECHAM6 的 $\sigma-p$ 坐标系。

实习 2　兰勃特投影的地图放大系数和科里奥利参数

2.1　实习目的

通过编程计算，使学生掌握兰勃特投影的地图放大系数和科里奥利参数的计算方法。

2.2　实习要求

编写并提交计算兰勃特投影的地图放大系数和科里奥利参数的 MATLAB 程序。要求学生在机房现场操作，参考沈桐立等(2015)关于兰勃特投影相关内容，撰写实习报告，教师进行随堂讲解和指导。

2.3　相关知识回顾

兰勃特投影为正形投影，其投影光源位于地球球心。兰勃特投影的映像面是包围半球的圆锥面。

图 2.1 中点 O 为地心，点 N 为北极点，点 C 为圆锥面与地球表面的切点，其到圆锥点 N 的距离为l_0，φ_0为相应的标准纬度，映像面上任意点 P 的纬度为 φ，R_s为点 P

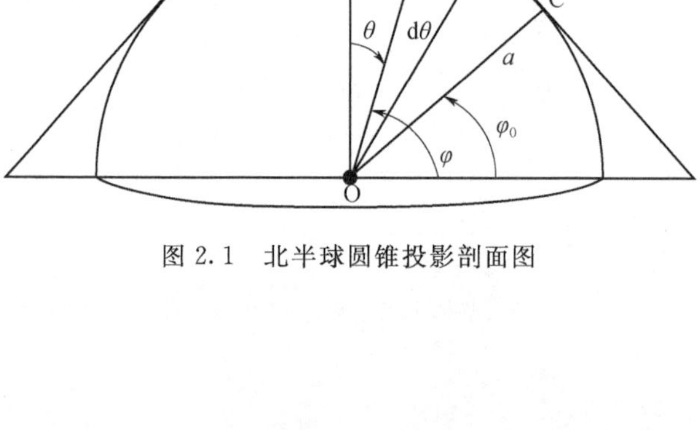

图 2.1　北半球圆锥投影剖面图

到地轴的距离，l 为点 P 到北极点 N 的距离，θ 为余纬，$\mathrm{d}\theta$ 表示余纬变化，对应映像面上点 Q 的位置变化，$\mathrm{d}l$ 表示点 Q 到北极点距离的变化，a 为地球半径，α 为圆锥顶角。在地球表面上纬度 φ 处的纬圈长度为

$$L_s = 2\pi R_s = 2\pi a\cos\varphi \tag{2.1}$$

设单位经度圆锥面所张的平面角为 k，则整个圆锥面所张的平面角为 $2\pi k$（图 2.2）。设圆锥面上纬度 φ 处任意点 P 到北极点 N 的距离为 l，则在圆锥面上纬度 φ 的纬圈长度 $L=2\pi kl$。地图放大系数

$$m=\frac{L}{L_s}=\frac{kl}{a\cos\varphi}=\frac{kl}{a\sin\theta} \tag{2.2}$$

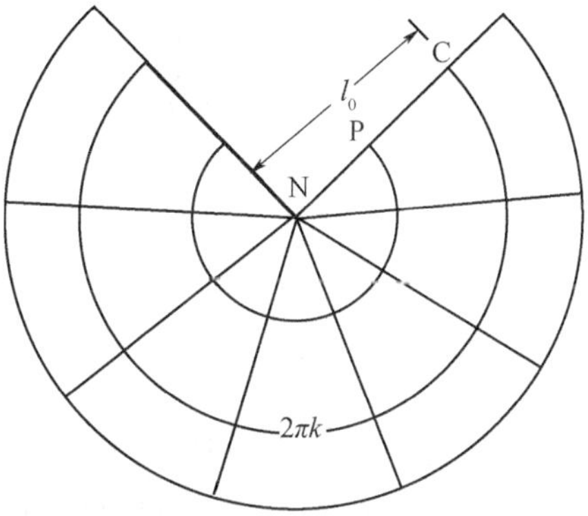

图 2.2　北半球圆锥投影映像平面图

式中 θ 为余纬。计算地图放大系数需要确定 k 和 l。在标准纬度 φ_0 处地图放大系数为 1，则 $k=\frac{a\sin\theta_0}{l_0}$。正形投影的经向地图放大系数为 $\frac{\mathrm{d}l}{a\,\mathrm{d}\theta}$，它与纬向地图放大系数相等，则

$$\frac{\mathrm{d}l}{l}=\frac{k}{\sin\theta}\mathrm{d}\theta \tag{2.3}$$

对上式进行积分运算，左端从 l_0 积分到 l，右端由 θ_0 积分到 θ，应用积分公式 $\int\frac{1}{\sin\theta}\mathrm{d}\theta=\ln\tan\frac{\theta}{2}$ 可得 $l=l_0\left(\frac{\tan\frac{\theta}{2}}{\tan\frac{\theta_0}{2}}\right)^k$，应用 $k=\frac{a\sin\theta_0}{l_0}$ 消去 l_0 可得

$$l=\frac{a\sin\theta_0}{k}\left(\frac{\tan\frac{\theta}{2}}{\tan\frac{\theta_0}{2}}\right)^k \tag{2.4}$$

将式(2.4)代入式(2.2)可得

$$m=\frac{\sin\theta_0}{\sin\theta}\left(\frac{\tan\frac{\theta}{2}}{\tan\frac{\theta_0}{2}}\right)^k \tag{2.5}$$

根据式(2.5)可计算圆锥投影任意纬度的地图放大系数。兰勃特投影也称为双标准纬线等角圆锥投影，其投影光源位于地球球心，映像面是一个与地球表面标准纬度30°N和60°N相割的圆锥面，圆锥角$\alpha=90°$(图2.3)。

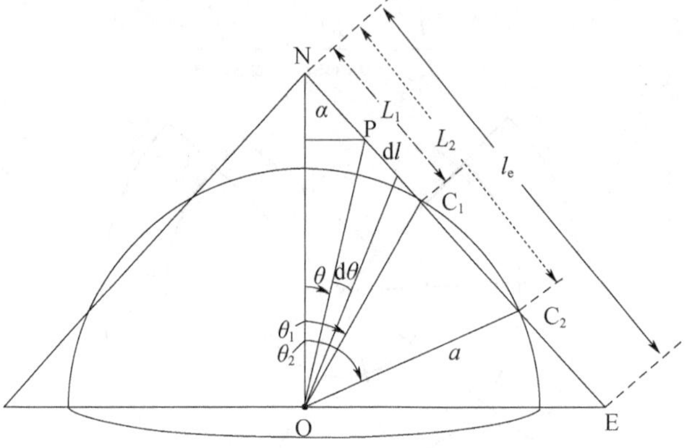

图2.3　北半球兰勃特投影剖面图

图2.3中点O为地心，点N为北极点，C_1和C_2为圆锥面与地球表面的割线，它们到圆锥点N的距离分别为L_1和L_2，θ_1和θ_2分别为标准纬度对应的标准余纬，E点为映像面与赤道平面的交点，点P为映像面上任一点，θ为相应的余纬，$d\theta$表示余纬变化，相应的点P到北极点N的距离改变dl，a为地球半径，α为圆锥顶角。兰勃特投影面的经线是一组由北极点向赤道辐射的直线，而纬线是一组以北极点为圆心的同心圆弧(图2.4)。

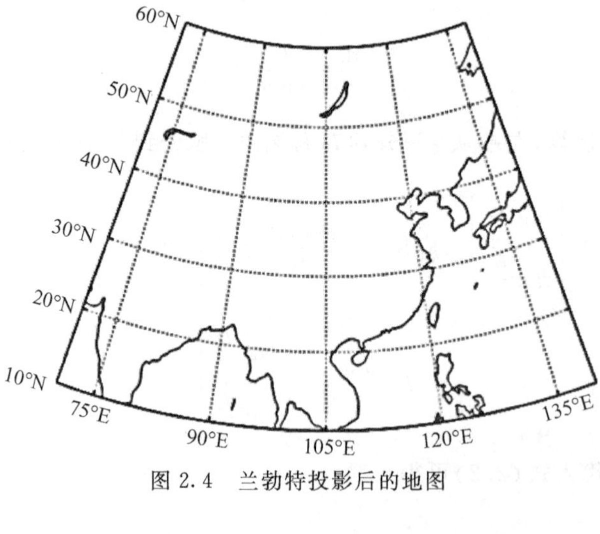

图2.4　兰勃特投影后的地图

用标准余纬代替式(2.4)中的θ_0,可得距离 l 的表达式

$$l=\frac{a\sin\theta_1}{k}\left(\frac{\tan\dfrac{\theta}{2}}{\tan\dfrac{\theta_1}{2}}\right)^k \tag{2.6}$$

利用三角函数半角公式,可得

$$l=l_e\left(\frac{\cos\varphi}{1+\sin\varphi}\right)^k \tag{2.7}$$

式中$l_e=\dfrac{a\sin\theta_1}{k}\left(\dfrac{1}{\tan\dfrac{\theta_1}{2}}\right)^k=11423.37(\mathrm{km})$,代表式(2.6)中 $\theta=\dfrac{\pi}{2}$的情况,故l_e为兰勃特投影映像平面上赤道到北极点的距离。由式(2.7)可解出

$$\sin\varphi=\frac{l_e^{2/k}-l^{2/k}}{l_e^{2/k}+l^{2/k}} \tag{2.8}$$

代入式(2.2),可得实际计算兰勃特投影地图放大系数的公式

$$m=\frac{kl}{a\sqrt{1-\left(\dfrac{l_e^{2/k}-l^{2/k}}{l_e^{2/k}+l^{2/k}}\right)^2}} \tag{2.9}$$

相应地,兰勃特投影各网格点科里奥利参数计算公式为

$$f=2\Omega\sin\varphi=2\Omega\,\frac{l_e^{2/k}-l^{2/k}}{l_e^{2/k}+l^{2/k}} \tag{2.10}$$

Ω 为地球自转角速度。

为确定圆锥常数 k 的值,用标准余纬代替式(2.5)中的θ_0,可得地图放大系数表达式

$$\begin{cases} m=\dfrac{\sin\theta_1}{\sin\theta}\left(\dfrac{\tan\dfrac{\theta}{2}}{\tan\dfrac{\theta_1}{2}}\right)^k \\ m=\dfrac{\sin\theta_2}{\sin\theta}\left(\dfrac{\tan\dfrac{\theta}{2}}{\tan\dfrac{\theta_2}{2}}\right)^k \end{cases} \tag{2.11}$$

地图投影标准纬度上 $m=1$,则

$$\frac{\sin\theta_1}{\sin\theta_2}=\left(\frac{\tan\dfrac{\theta_1}{2}}{\tan\dfrac{\theta_2}{2}}\right)^k \tag{2.12}$$

可得

$$k=\frac{\ln\sin\theta_1-\ln\sin\theta_2}{\ln\tan\frac{\theta_1}{2}-\ln\tan\frac{\theta_2}{2}}\approx 0.7156\,(\theta_1=60°,\theta_2=30°) \qquad (2.13)$$

2.4 实习内容

(1)试编写一个计算兰勃特投影地图放大系数 $RM(i,j)$ 和科里奥利参数 $f(i,j)$ 的子程序，输入平面正方形网格点坐标 (i,j)，输出 $RM(i,j)$ 和 $f(i,j)$。参考点为北极点(0,0)。

实验步骤及程序示例

根据实际计算兰勃特投影地图放大系数的公式，输入 k、l、l_e、a、d、Ω 和参考点坐标，计算各网格点坐标的地图放大系数和科里奥利参数，调用子程序时选取“lambert”：

function [m,f]=magnification_factor_and_coriolis_parameter(proj,In,Jn,d)	定义计算地图放大系数 m 和科里奥利参数 f 的子程序，输入变量：proj 为选取的投影方式，(I_n,J_n) 为网格点相对于参考点的坐标，兰勃特投影的参考点是北极点，d 为网格距(km)
a =6371;omega=7.292 * 10^-5;	输入地球半径和自转角速度
switch(proj) case'lambert'	判断投影类型为兰勃特投影
k=0.7156;le=11423.37;	输入圆锥常数 k 和兰勃特投影映像平面上赤道到北极点的距离 l_e
l=sqrt((In^2+Jn^2) * d^2);	计算网格点到北极点的距离
m=k * l/a/sqrt(1-((le^(2/k)-l^(2/k))/(le^(2/k)+l^(2/k)))^2); f=2 * omega * (le^(2/k)-l^(2/k))/(le^(2/k)+l^(2/k));	根据公式(2.9)和公式(2.10)计算地图放大系数和科里奥利参数值

程序示例为 magnification_factor_and_coriolis_parameter.m。

(2)在标准兰勃特投影图上，选取一矩形网格，矩形的 Y 轴与 90°E 平行，O 点为(90°E,30°N)，网格距 100 km，网格点向北向南各 7 个，向东向西各 6 个。计算网格上各点的地图放大系数。

实验步骤及程序示例

```
clear;clc
M=6;N=7;
m=zeros(2*N+1,2*M+1);
II=zeros(2*N+1,2*M+1);
JJ=zeros(2*N+1,2*M+1);
d=100;
phy0=30;
k=0.7156;
a=6371;
le=11423.37;
```

输入格点维数(M,N),新建数组并输入计算参数(格点距 d,中央纬度 $phy0$,圆锥常数 k,地球半径 a 和兰勃特投影映像平面上赤道到北极点的距离l_e)

```
l_ref=le *(cosd(phy0)/(1+sind(phy0)))^k;
```

计算参考点 O 到北极点的距离

```
for In=-M:M
    for Jn=-N:N
        l=sqrt((abs(In)*d)^2+(l_ref-Jn*d)^2);
        m(Jn+1+N,In+1+M)=k*l/a/sqrt(1-((le^(2/k)-l^(2/k))/(le^(2/k)+l^(2/k)))^2);
    end
end
```

求出各网格点(I_n,J_n)到北极点的距离,再根据公式(2.9)计算各格点的地图放大系数

```
m=flipud(m);
```

调整矩阵排序方式为"上北下南"

程序示例为 lambert_proj.mlx。地图放大系数存放在 m 中,第一维是经向由南向北,第二维是纬向由东到西。程序运行结果为:

命令行窗口　　变量 - m

m

15x13 double

	1	2	3	4	5	6	7	8	9	10	11	12	13
1	0.9786	0.9784	0.9782	0.9781	0.9780	0.9780	0.9779	0.9780	0.9780	0.9781	0.9782	0.9784	0.9786
2	0.9811	0.9809	0.9807	0.9806	0.9805	0.9805	0.9804	0.9805	0.9805	0.9806	0.9807	0.9809	0.9811
3	0.9839	0.9837	0.9835	0.9833	0.9832	0.9832	0.9832	0.9832	0.9832	0.9833	0.9835	0.9837	0.9839
4	0.9869	0.9866	0.9864	0.9863	0.9862	0.9861	0.9861	0.9861	0.9862	0.9863	0.9864	0.9866	0.9869
5	0.9901	0.9898	0.9896	0.9895	0.9894	0.9893	0.9893	0.9893	0.9894	0.9895	0.9896	0.9898	0.9901
6	0.9935	0.9932	0.9930	0.9928	0.9927	0.9927	0.9926	0.9927	0.9927	0.9928	0.9930	0.9932	0.9935
7	0.9971	0.9968	0.9966	0.9964	0.9963	0.9963	0.9962	0.9963	0.9963	0.9964	0.9966	0.9968	0.9971
8	1.0009	1.0007	1.0004	1.0003	1.0001	1.0001	1.0000	1.0001	1.0001	1.0003	1.0004	1.0007	1.0009
9	1.0050	1.0047	1.0045	1.0043	1.0041	1.0041	1.0040	1.0041	1.0041	1.0043	1.0045	1.0047	1.0050
10	1.0093	1.0089	1.0087	1.0085	1.0084	1.0083	1.0083	1.0083	1.0084	1.0085	1.0087	1.0089	1.0093
11	1.0137	1.0134	1.0131	1.0129	1.0128	1.0127	1.0127	1.0127	1.0128	1.0129	1.0131	1.0134	1.0137
12	1.0184	1.0181	1.0178	1.0176	1.0174	1.0174	1.0173	1.0174	1.0174	1.0176	1.0178	1.0181	1.0184
13	1.0233	1.0229	1.0227	1.0224	1.0223	1.0222	1.0222	1.0222	1.0223	1.0224	1.0227	1.0229	1.0233
14	1.0283	1.0280	1.0277	1.0275	1.0273	1.0273	1.0272	1.0273	1.0273	1.0275	1.0277	1.0280	1.0283
15	1.0336	1.0333	1.0330	1.0328	1.0326	1.0325	1.0325	1.0325	1.0326	1.0328	1.0330	1.0333	1.0336

习题

(1)在标准兰勃特投影图上，选取一矩形网格，矩形的 Y 轴与 100°E 平行，O 点为(100°E,45°N)，网格距 80km，网格点向北 5 个，向东 6 个。计算网格上各点的地图放大系数和科里奥利参数。

(2)中尺度天气预报模式 WRF 的兰勃特投影如图 2.5 所示，标准纬度 1 和标准纬度 2 也可根据模拟区域不同而有所调整，使模拟区域内地图放大系数尽可能接近 1，从而减小模式网格上的投影形变。设模拟区域为东亚地区(100°～150°E,20°～60°N)，尝试用 MATLAB 编写程序，计算兰勃特投影在东亚地区的地图放大系数(可参考 BPEM 的相关代码 lambert.m 和 real_em.m 及其参数设置，下载地址为 https://github.com/DwyaneChou/BPEM)

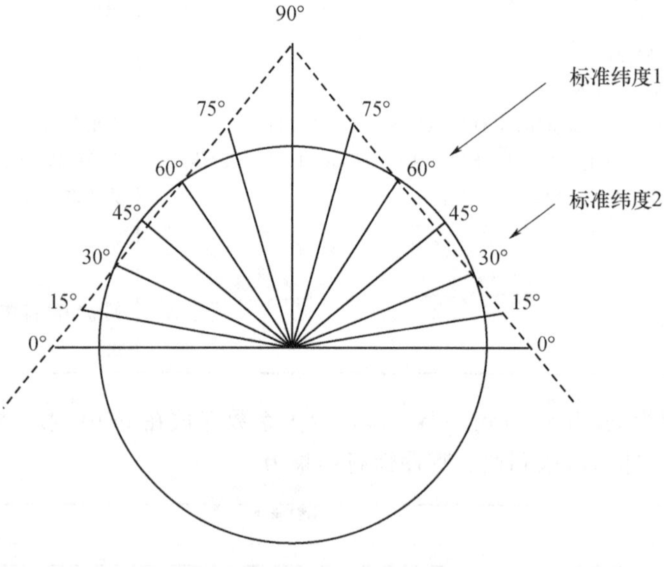

图 2.5 兰勃特投影示意图

实习3 麦卡托投影的地图放大系数和科里奥利参数

3.1 实习目的

通过编程计算，使学生掌握麦卡托投影的地图放大系数和科里奥利参数的计算方法。

3.2 实习要求

编写并提交计算麦卡托投影的地图放大系数和科里奥利参数的 MATLAB 程序。要求学生在机房现场操作，参考沈桐立等(2015)关于麦卡托投影相关内容，撰写实习报告，教师进行随堂讲解和指导。

3.3 相关知识回顾

麦卡托投影是一种正形圆柱割投影，其投影光源位于地球球心，其映像面是一个与地球表面标准纬度 22.5°N 和 22.5°S 相割的圆柱面。麦卡托投影可视作圆锥投影的极限情况，相应的圆锥顶点位于无穷远处，圆锥角为 0°。麦卡托投影地图的经线是等距平行直线，纬线是与经线垂直的直线。这种投影形式的地图在低纬或热带地区产生的变形较小，因此通常用于制作低纬或热带地区的天气地图。

图 3.1 中 O 点为地心，φ_1为标准纬度，φ 映像面上点 P 的纬度，a 为地球半径，C_1为映像面与地球表面的交点，R 是点 P 在地球表面的映射点到地轴的距离，R_s是点 P 到地轴的距离，E 是点 P 与赤道平面的交点。设图 3.1 中映像平面上的网格相对于赤道的坐标为J_e，网格距为 d，则 P 点所在纬度的余弦可表示为

$$\cos\varphi=\frac{OE}{OP}=\frac{a\cos22.5°}{\sqrt{(a\cos22.5°)^2+(J_e d)^2}} \tag{3.1}$$

根据地图放大系数的定义

$$m=\frac{L}{L_s}=\frac{\cos22.5°}{\cos\varphi} \tag{3.2}$$

其中，L 表示映像平面上纬度 φ 的纬圈长度($L=2\pi R=2\pi a\cos22.5°$)，L_s表示地球表面上纬度 φ 的纬圈长度($L_s=2\pi R_s=2\pi a\cos\varphi$)，则实际计算麦卡托投影地图放大系数的公式为

$$m=\frac{\sqrt{(a\cos 22.5°)^2+(J_e d)^2}}{a} \tag{3.3}$$

其中，J_e为网格点相对于赤道的坐标，d 为网格距，a 为地球半径。科里奥利参数计算公式为

$$f=2\Omega\sin\varphi=2\Omega\frac{J_e d}{\sqrt{(a\cos 22.5°)^2+(J_e d)^2}} \tag{3.4}$$

Ω 为地球自转角速度。

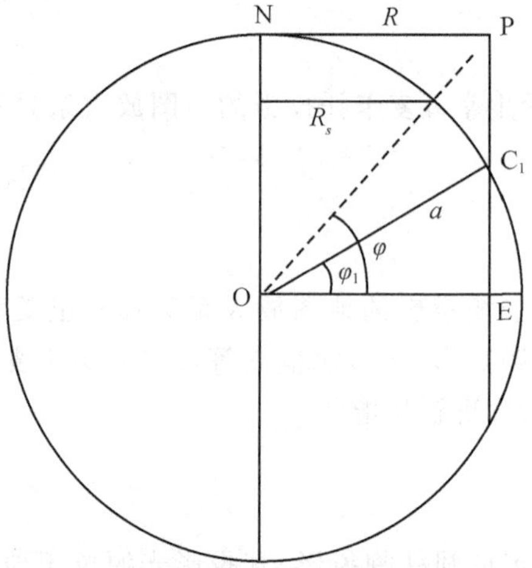

图 3.1　麦卡托投影剖面图

3.4　实习内容

（1）根据实际计算麦卡托投影地图放大系数的公式，输入 a、d、Ω 和格点坐标，计算地图放大系数和科里奥利参数。

实验步骤及程序示例

1	function [m, f] = magnification _ factor _ and _ coriolis _ parameter (proj,In,Jn,d)	定义计算地图放大系数 m 和科里奥利参数 f 的子程序，输入变量：proj 为选取的投影方式，(I_n, J_n)为网格点相对于参考点的坐标，麦卡托投影的参考点是赤道，d 为网格距（km）
2	a=6371;omega=7.292 * 10^-5;	定义地球半径和自转角速度

续表

switch(proj) case 'mercator'	判断投影类型为麦卡托投影
m=sqrt((a * cosd(22.5))^2+ (Jn * d)^2)/a;	定义映像面上赤道到北极点的距离

f=2 * omega * sin(Jn * d/
        sqrt((a * cosd(22.5))^2+
        (Jn * d)^2));
	根据公式(3.3)和(3.4)计算地图放大系数和科里奥利参数值

end	

程序示例为 magnification_factor_and_coriolis_parameter.m，调用子程序时选取“mercator”。

(2)在麦卡托投影下，选取一矩形网格，参考点 O 为(100°E，5°N)，网格距 100 km，网格点向北 6 个，向东 7 个。先求出 O 点到赤道平面的距离，以及其他格点到赤道的距离后，再根据公式(3.3)和公式(3.4)计算各网格点上的地图放人系数和科里奥利参数。

实验步骤及程序示例

m=zeros(6,7);
f=zeros(6,7);
d=100;
phy0=5;
a=6371;
omega=7.292 * 10^-5;
	新建数组，地图放大系数为 m 和科里奥利参数为 f；定义网格距 d、参考点纬度 $phy0$、地球半径 a 和自转角速度 $omega$

l_ref=a * cosd(22.5) * tand(phy0);	计算点 O 到赤道平面的距离
for In=0:6 for Jn=0:5	循环各网格点
l=sqrt((abs(In) * d)^2+(l_ref+Jn * d)^2);	计算各格点到赤道的距离
m(Jn+1,In+1)=sqrt((a * cosd(22.5))^2+l^2)/a;	根据公式(3.3)计算各格点的地图放大系数
f(Jn+1,In+1)=2 * omega * l/sqrt((a * cosd(22.5))^2+l^2);	根据公式(3.4)计算地图放大系数和科里奥利参数值
end end	
m=flipud(m); f=flipud(f);	调整矩阵排序方式为“上北下南”

程序示例为 mercator_proj. mlx。科里奥利参数的计算结果如下(第一维是经向由南向北,第二维是纬向由东到西)。

命令行窗口 变

m f

6x7 double

	1	2	3	4	5	6	7
1	0.9375	0.9376	0.9380	0.9387	0.9396	0.9408	0.9422
2	0.9350	0.9351	0.9355	0.9362	0.9371	0.9383	0.9397
3	0.9327	0.9328	0.9332	0.9339	0.9348	0.9360	0.9374
4	0.9307	0.9308	0.9312	0.9319	0.9328	0.9340	0.9354
5	0.9289	0.9290	0.9294	0.9301	0.9310	0.9322	0.9337
6	0.9274	0.9275	0.9279	0.9286	0.9295	0.9307	0.9322

地图放大系数的计算结果如下(第一维是经向由南向北,第二维是纬向由东到西)。

命令行窗口 变量 - f

m f

6x7 double

	1	2	3	4	5	6	7
1	2.4782e-05	2.4899e-05	2.5245e-05	2.5810e-05	2.6578e-05	2.7530e-05	2.8645e-05
2	2.2401e-05	2.2531e-05	2.2917e-05	2.3545e-05	2.4393e-05	2.5438e-05	2.6653e-05
3	2.0002e-05	2.0149e-05	2.0584e-05	2.1287e-05	2.2231e-05	2.3384e-05	2.4712e-05
4	1.7586e-05	1.7754e-05	1.8250e-05	1.9047e-05	2.0105e-05	2.1383e-05	2.2841e-05
5	1.5155e-05	1.5351e-05	1.5927e-05	1.6840e-05	1.8037e-05	1.9462e-05	2.1065e-05
6	1.2711e-05	1.2946e-05	1.3628e-05	1.4692e-05	1.6058e-05	1.7653e-05	1.9417e-05

习题

(1)把麦卡托投影标准纬度变为 30°N,选取一矩形网格,左下角原点 O 为(100°E,50°N),网格距 100 km,网格点向北 6 个,向东 7 个。计算网格上各点的地图放大系数和科里奥利参数。

(2)中尺度天气预报模式 WRF 的麦卡托投影如图 3.2 所示,为减小模式网格上的投影形变,标准纬度可随投影范围改变。设模拟区域为中南半岛地区,尝试用 MATLAB 编写程序,计算麦卡托投影在东亚地区的地图放大系数和科里奥利参数,并与 WPS 相同设置的结果进行比较(可参考代码 mercator. m 和 generate_domain_mercator. m 及其参数设置)。

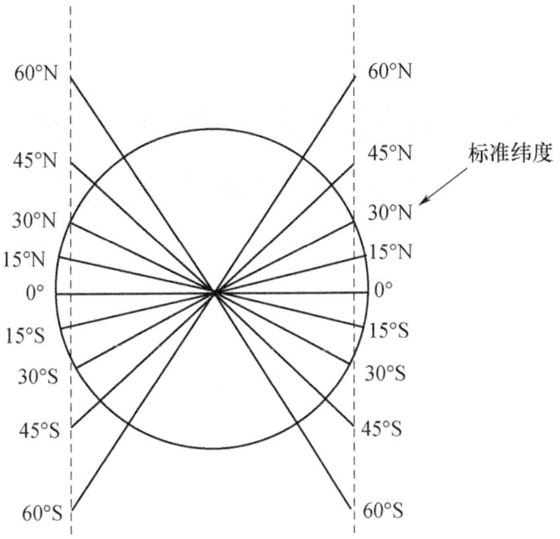

图 3.2　麦卡托投影示意图

实习 4 极射赤面投影的地图放大系数和科里奥利参数

4.1 实习目的

通过编程计算，使学生掌握极射赤面投影的地图放大系数和科里奥利参数的计算方法。

4.2 实习要求

编写并提交计算极射赤面投影的地图放大系数和科里奥利参数的 MATLAB 程序。要求学生在机房现场操作，参考沈桐立等(2015)关于极射赤面投影相关内容，撰写实习报告，教师进行随堂讲解和指导。

4.3 相关知识回顾

极射赤面投影是一种正形割投影，其投影光源在南极，其映像面是一个与地球表面标准纬度 60°N 相割的平面。极射赤面投影的经线是一组由北极点向赤道辐射的直线，纬线是一组以北极点为圆心的同心圆。由于这种投影图在高纬地区的变形比较小，所以多用作极地天气图或北半球天气图的底图。

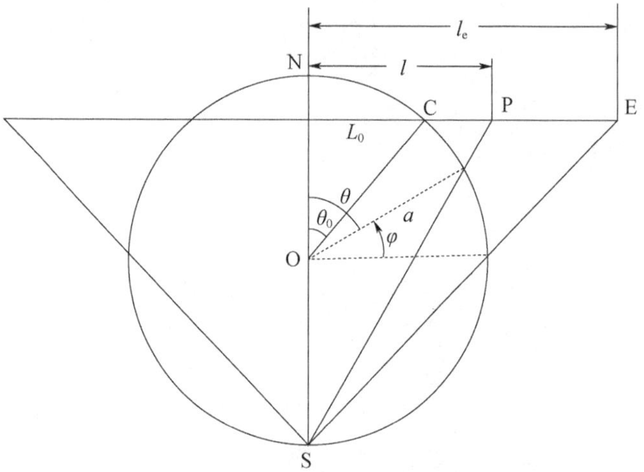

图 4.1 极射赤面投影剖面图

图 4.1 中 S 点为南极，N 点为北极点，O 点为地心，θ_0为标准纬度对应的余纬，其与映像面的交点为 C 点，θ 为余纬，其与映像面的交点为 P 点，从南极点 S 经过赤道到达映像面上 E 点，l_e为映像面上赤道到北极点的距离，l 为映像面上余纬 θ 到北极点的距离，l_0为映像面上标准纬度θ_0到北极点的距离，a 为地球半径。极射赤面投影是圆锥面投影的一种极限情况，其映像面可视为一个“圆锥面”，而圆锥面的“圆锥角”和平面角分别为 180°和 360°，则圆锥常数 $k=1$。把 k 和θ_0的值代入式(2.4)，应用三角函数半角公式可得

$$l=\frac{(2+\sqrt{3})a}{2}\frac{\cos\varphi}{1+\sin\varphi} \tag{4.1}$$

把 k 和l的值代入式(2.2)，可得地图放大系数计算公式

$$m=\frac{(2+\sqrt{3})}{2}\frac{1}{1+\sin\varphi} \tag{4.2}$$

由极射赤面投影剖面图可知$l_e=\frac{(2+\sqrt{3})}{2}a=11888.45(\text{km})$。因此，式(4.1)可进一步改写为

$$l=l_e\frac{\cos\varphi}{1+\sin\varphi}=l_e\tan\frac{\theta}{2} \tag{4.3}$$

对式(4.3)左边第一个等号两边平方，可解出

$$\sin\varphi=\frac{l_e^2-l^2}{l_e^2+l^2} \tag{4.4}$$

由此可得实际计算极射投影地图放大系数的公式为

$$m=\frac{2+\sqrt{3}}{2}\frac{1}{1+\frac{l_e^2-l^2}{l_e^2+l^2}} \tag{4.5}$$

其中 $l=\sqrt{(I_n^2+J_n^2)d^2}$ 为网格点到北极点的距离。相应地，科里奥利参数计算公式为

$$f=2\Omega\frac{l_e^2-l^2}{l_e^2+l^2} \tag{4.6}$$

式中 $\Omega=7.292\times10^{-5}\text{s}^{-1}$为地球自转角速度。

4.4　实习内容

(1)编写 MATLAB 子程序，输入 a、Ω、l_e和格点坐标，计算极射赤面投影的地图放大系数和科里奥利参数。

实验步骤及程序示例

function [m,f]=magnification_factor_and_coriolis_parameter(proj,In,Jn,d)	定义计算地图放大系数 m 和科里奥利参数 f 的子程序，输入变量：proj 为选取的投影方式，(I_n,J_n)为网格点相对于参考点的坐标，极射赤面投影的参考点是北极点(0,0)，d 为网格距(km)
a=6371;omega=7.292 * 10^-5;	定义地球半径和自转角速度
switch(proj) case 'stereographic'	判断为极射赤面投影类型
le=11888.45;	定义映像面上赤道到北极点的距离
l=sqrt((In^2+Jn^2) * d^2);	计算网格点到北极点的距离
m=(2+sqrt(3))/2/(1+((le^2-l^2)/(le^2+l^2))); f=2 * omega * ((le^2-l^2)/(le^2+l^2));	根据公式(4.5)和公式(4.6)计算地图放大系数和科里奥利参数值
end	

程序示例为 magnification_factor_and_coriolis_parameter.m，调用子程序时选取“stereographic”。

(2)在极射赤面投影下，选取一矩形网格，参考点 O 为(50°N,100°E)，网格距 100 km，网格点向北 6 个，向东 7 个。计算网格上各点的地图放大系数和科里奥利参数(可先根据式(4.1)求出 O 点到北极点的距离，在此基础上求出其他格点到北极点的距离，再根据公式(4.5)和公式(4.6)求出地图放大系数和科里奥利参数)。

实验步骤及程序示例

m=zeros(6,7);
f=zeros(6,7);
d=100;
phy0=50;
a=6371;
omega=7.292 * 10^-5;
le=11888.45;
	新建数组，地图放大系数为 m 和科里奥利参数为 f；定义网格距 d、参考点纬度 $phy0$、地球半径 a、自转角速度 $omega$、映像面上赤道到北极点的距离 l_e

l_ref=(2+sqrt(3)) * a/2 * cosd(phy0)/(1+sind(phy0));	计算映像面上参考点 C 到北极点的距离

续表

9 10	for In=0:6 　　for Jn=0:5	循环各网格点
11	l=sqrt((abs(In) * d)^2+(l_ref-Jn * d)^2);	计算各格点到北极点的距离
12	m(Jn+1,In+1)=(2+sqrt(3))/2/(1+((le^2-l^2)/(le^2+l^2)));	根据公式(4.5)计算各格点的地图放大系数
13	f(Jn+1,In+1)=2 * omega * ((le^2-l^2)/(le^2+l^2));	根据公式(4.6)计算地图放大系数和科里奥利参数值
14 15	end end	
16 17	m=flipud(m); f=flipud(f);	调整矩阵排序方式，使第一维递增对应格点向南移动

程序示例为 stereographic_proj. mlx。科里奥利参数的计算结果如下(第一维是经向由南向北，第二维是纬向由东到西)。

命令行窗口　　变量 - f

m　f

6x7 double

	1	2	3	4	5	6	7
1	1.1845e-04	1.1844e-04	1.1838e-04	1.1830e-04	1.1818e-04	1.1803e-04	1.1784e-04
2	1.1714e-04	1.1713e-04	1.1708e-04	1.1699e-04	1.1688e-04	1.1673e-04	1.1654e-04
3	1.1582e-04	1.1580e-04	1.1575e-04	1.1567e-04	1.1555e-04	1.1540e-04	1.1522e-04
4	1.1447e-04	1.1445e-04	1.1440e-04	1.1432e-04	1.1421e-04	1.1406e-04	1.1388e-04
5	1.1310e-04	1.1309e-04	1.1304e-04	1.1296e-04	1.1284e-04	1.1270e-04	1.1252e-04
6	1.1172e-04	1.1170e-04	1.1166e-04	1.1158e-04	1.1146e-04	1.1132e-04	1.1114e-04

计算得到的地图放大系数如下(第一维是经向由南向北，第二维是纬向由东到西)。

命令行窗口　　变

m　f

6x7 double

	1	2	3	4	5	6	7
1	1.0297	1.0298	1.0300	1.0303	1.0308	1.0313	1.0321
2	1.0348	1.0349	1.0351	1.0354	1.0359	1.0365	1.0372
3	1.0401	1.0401	1.0403	1.0407	1.0411	1.0417	1.0424
4	1.0455	1.0455	1.0457	1.0460	1.0465	1.0471	1.0478
5	1.0510	1.0510	1.0512	1.0516	1.0520	1.0526	1.0533
6	1.0566	1.0567	1.0569	1.0572	1.0577	1.0583	1.0590

习题

(1)试求极射赤面投影下位于 50°N、60°N、70°N、80°N 的矩形网格点的地图放大系数和科里奥利参数。

(2)把极射投影标准纬度变为 70°N,选取一矩形网格,左下角原点 O 为(100°E,50°N),网格距 100 km,网格点向北 6 个,向东 7 个。计算网格上各点的地图放大系数和科里奥利参数。

实习5　一维线性平流方程的两时间层积分方案(Ⅰ)

5.1　实习目的

通过编程实现一维线性平流方程的离散化,使学生掌握前差格式的计算方法及前差格式稳定性分析的方法。

5.2　实习要求

编写运行一维线性平流方程的前差格式的 MATLAB 程序。通过理论推导和绘制数值解时间演变图,分析前差格式的稳定性。撰写实习报告,分析程序流程和积分结果。要求学生在机房现场操作,实习教师随堂讲解和指导。

5.3　相关知识回顾

5.3.1　一维线性平流方程的差分格式

表征大气平流过程的一维线性平流方程为

$$\frac{\partial u}{\partial t}+c\frac{\partial u}{\partial x}=0 \tag{5.1}$$

其中,c 为常数,$u=u(x,t)$。由于网格距 Δx 远小于线性平流方程所描述运动的特征尺度,可采用泰勒展开法来构造差分方程。将函数 $u(x,t)$展开为泰勒级数

$$u(x+\Delta x,t)=u(x,t)+\frac{\partial u}{\partial x}\Delta x+\frac{\partial^2 u}{\partial x^2}\frac{(\Delta x)^2}{2!}+\frac{\partial^3 u}{\partial x^3}\frac{(\Delta x)^3}{3!}+\cdots \tag{5.2a}$$

$$u(x-\Delta x,t)=u(x,t)-\frac{\partial u}{\partial x}\Delta x+\frac{\partial^2 u}{\partial x^2}\frac{(\Delta x)^2}{2!}-\frac{\partial^3 u}{\partial x^3}\frac{(\Delta x)^3}{3!}+\cdots \tag{5.2b}$$

将$\frac{\partial u}{\partial x}$移动等号左端,则

$$\frac{\partial u}{\partial x}=\frac{u(x+\Delta x,t)-u(x,t)}{\Delta x}-\frac{\partial^2 u}{\partial x^2}\frac{\Delta x}{2!}-\cdots=\frac{u(x+\Delta x,t)-u(x,t)}{\Delta x}+R \tag{5.2c}$$

$$\frac{\partial u}{\partial x}=\frac{u(x,t)-u(x-\Delta x,t)}{\Delta x}+\frac{\partial^2 u}{\partial x^2}\frac{\Delta x}{2!}+\cdots=\frac{u(x,t)-u(x-\Delta x,t)}{\Delta x}+R \tag{5.2d}$$

式中,R 为截断误差,表示差商的精度;$R=O(\Delta x)$,表示 R 的量级与 Δx 的一致。

引入记号 $u(x,t)=u_i^n$,$u(x+\Delta x,t)=u_{i+1}^n$,$u(x-\Delta x,t)=u_{i-1}^n$,则式(5.2c)和式(5.2d)可写为

$$\left(\frac{\partial u}{\partial x}\right)_i^n=\frac{u_{i+1}^n-u_i^n}{\Delta x}+R,R=O(\Delta x) \tag{5.3a}$$

$$\left(\frac{\partial u}{\partial x}\right)_i^n=\frac{u_i^n-u_{i-1}^n}{\Delta x}+R,R=O(\Delta x) \tag{5.3b}$$

式(5.3a)和式(5.3b)分别称为空间向前差分和空间向后差分,它们的精度都是一阶。将式(5.2a)与式(5.2b)相加,得

$$u(x+\Delta x,t)+u(x-\Delta x,t)=2u(x,t)+2\frac{\partial^2 u}{\partial x^2}\frac{(\Delta x)^2}{2!}+2\frac{\partial^4 u}{\partial x^4}\frac{(\Delta x)^4}{4!}+\cdots$$

进一步移项整理可得:

$$\frac{\partial^2 u}{\partial x^2}=\frac{u(x+\Delta x,t)-2u(x,t)+u(x-\Delta x,t)}{(\Delta x)^2}-\frac{\partial^4 u}{\partial x^4}\frac{(\Delta x)^2}{12}+\cdots,$$

采用差分记号,上式可写为

$$\left(\frac{\partial^2 u}{\partial x^2}\right)_i^n=\frac{u_{i+1}^n-2u_i^n+u_{i-1}^n}{(\Delta x)^2}+R,R=O(\Delta x^2) \tag{5.4a}$$

式(5.4a)为$\left(\frac{\partial^2 u}{\partial x^2}\right)_i^n$的差分格式,精度为二阶。将式(5.2a)与式(5.2b)相减,得

$$u(x+\Delta x,t)-u(x-\Delta x,t)=2\frac{\partial u}{\partial x}\Delta x+2\frac{\partial^3 u}{\partial x^3}\frac{(\Delta x)^3}{3!}+\cdots$$

进一步移项整理可得

$$\frac{\partial u}{\partial x}=\frac{u(x+\Delta x,t)-u(x-\Delta x,t)}{2\Delta x}-\frac{\partial^3 u}{\partial x^3}\frac{(\Delta x)^2}{3!}+\cdots$$

采用差分记号,上式可写为

$$\left(\frac{\partial u}{\partial x}\right)_i^n=\frac{u_{i+1}^n-u_{i-1}^n}{2\Delta x}+R,R=O(\Delta x^2) \tag{5.4b}$$

式(5.4b)为$\left(\frac{\partial u}{\partial x}\right)_i^n$的中央差分格式,精度为二阶。采用类似方法还可构造更高精度的差分格式。例如,对利用u_i^n周围四个点(u_{i-2}^n,u_{i-1}^n,u_{i+1}^n,u_{i+2}^n)构造拉格朗日插值曲线

$$u^n=u_{i-2}^n\frac{(x-(i-1)\Delta x)(x-(i+1)\Delta x)(x-(i+2)\Delta x)}{(-\Delta x)(-3\Delta x)(-4\Delta x)}+$$

$$u_{i-1}^n\frac{(x-(i-2)\Delta x)(x-(i+1)\Delta x)(x-(i+2)\Delta x)}{(\Delta x)(-2\Delta x)(-3\Delta x)}+$$

$$u_{i+1}^n\frac{(x-(i-2)\Delta x)(x-(i-1)\Delta x)(x-(i+2)\Delta x)}{(3\Delta x)(2\Delta x)(-\Delta x)}+$$

$$u_{i+2}^{n}\frac{(x-(i-2)\Delta x)(x-(i-1)\Delta x)(x-(i+1)\Delta x)}{(4\Delta x)(3\Delta x)(\Delta x)}$$

将上式对 x 求偏导数，可得

$$\begin{aligned}\left(\frac{\partial u}{\partial x}\right)^{n}=\frac{1}{12\,(\Delta x)^{3}}(&-u_{i-2}^{n}((x-(i+1)\Delta x)(x-(i+2)\Delta x)+\\&(x-(i-1)\Delta x)(x-(i+2)\Delta x)+\\&(x-(i-1)\Delta x)(x-(i+1)\Delta x))+\\&2\,u_{i-1}^{n}((x-(i+1)\Delta x)(x-(i+2)\Delta x)+\\&(x-(i-2)\Delta x)(x-(i+2)\Delta x)+\\&(x-(i-2)\Delta x)(x-(i+1)\Delta x))-\\&2\,u_{i+1}^{n}((x-(i-1)\Delta x)(x-(i+2)\Delta x)+\\&(x-(i-2)\Delta x)(x-(i+2)\Delta x)+\\&(x-(i-2)\Delta x)(x-(i-1)\Delta x))+\\&u_{i+2}^{n}((x-(i-1)\Delta x)(x-(i+1)\Delta x)+\\&(x-(i-2)\Delta x)(x-(i+1)\Delta x)+\\&(x-(i-2)\Delta x)(x-(i-1)\Delta x)))\end{aligned}$$

取 $x=i\Delta x$，则有

$$\begin{aligned}\left(\frac{\partial u}{\partial x}\right)_{i}^{n}=\frac{1}{12\,(\Delta x)^{3}}(&-u_{i-2}^{n}((-\Delta x)(-2\Delta x)+(\Delta x)(-2\Delta x)+\\&(\Delta x)(-\Delta x))+2\,u_{i-1}^{n}((-\Delta x)(-2\Delta x)+\\&(2\Delta x)(-2\Delta x)+(2\Delta x)(-\Delta x))-2\,u_{i+1}^{n}((\Delta x)(-2\Delta x)+\\&(2\Delta x)(-2\Delta x)+(2\Delta x)(\Delta x))+u_{i+2}^{n}((\Delta x)(-\Delta x)+\\&(2\Delta x)(-\Delta x)+(2\Delta x)(\Delta x)))\end{aligned}$$

即

$$\left(\frac{\partial u}{\partial x}\right)_{i}^{n}=\frac{1}{12\Delta x}(u_{i-2}^{n}-8\,u_{i-1}^{n}+8\,u_{i+1}^{n}-u_{i+2}^{n})$$

整理上式，并根据拉格朗日插值误差公式，则获得

$$\left(\frac{\partial u}{\partial x}\right)_{i}^{n}=\frac{4}{3}\frac{u_{i+1}^{n}-u_{i-1}^{n}}{2\Delta x}-\frac{1}{3}\frac{u_{i+2}^{n}-u_{i-2}^{n}}{4\Delta x}+R(\mathrm{O}(\Delta x^{4}))\tag{5.5}$$

式(5.5)为$\left(\frac{\partial u}{\partial x}\right)_{i}^{n}$的四阶精度的差分格式。由于这种四阶精度的差分格式利用了周围四个网格点的函数值，增加了计算量，同时也增加了边界条件的处理难度，因此经常采用的还是中央差分格式(5.4b)。

用时间差分格式来表示微商，可得到类似于空间差分的时间差分格式。在取定的参考点(x_i, t^n)上若取时间步长为 Δt，则得到时间偏导数$\left(\frac{\partial u}{\partial t}\right)_{i}^{n}$的不同差分表达式

$$\left(\frac{\partial u}{\partial t}\right)_i^n=\frac{u_i^{n+1}-u_i^n}{\Delta t}+R(\mathrm{O}(\Delta t)) \tag{5.6}$$

$$\left(\frac{\partial u}{\partial t}\right)_i^n=\frac{u_i^n-u_i^{n-1}}{\Delta t}+R(\mathrm{O}(\Delta t)) \tag{5.7}$$

$$\left(\frac{\partial u}{\partial t}\right)_i^n=\frac{u_i^{n+1}-u_i^{n-1}}{2\Delta t}+R(\mathrm{O}(\Delta t^2)) \tag{5.8}$$

$$\left(\frac{\partial^2 u}{\partial t^2}\right)_i^n=\frac{u_i^{n+1}-2u_i^n+u_i^{n-1}}{\Delta t^2}+R(\mathrm{O}(\Delta t^2)) \tag{5.9}$$

式(5.6)为时间向前差分格式,式(5.7)为时间向后差分格式,式(5.8)为时间中央差分格式,式(5.9)为关于时间二阶导数的差分格式。

有了上述时间和空间差分格式以后,就可以对一维线性平流方程式(5.1)进行离散化处理。对平流方程的时间导数$\frac{\partial u}{\partial t}$取向前差分格式,空间导数$\frac{\partial u}{\partial x}$分别取向前、向后和中央差分格式,则分别可以得到一维线性平流方程的如下三种差分格式:

用前差格式计算$\frac{\partial u}{\partial x}$,则

$$\frac{u_i^{n+1}-u_i^n}{\Delta t}=-c\,\frac{u_{i+1}^n-u_i^n}{\Delta x},R=\mathrm{O}(\Delta t,\Delta x) \tag{5.10}$$

用后差格式计算$\frac{\partial u}{\partial x}$,则

$$\frac{u_i^{n+1}-u_i^n}{\Delta t}=-c\,\frac{u_i^n-u_{i-1}^n}{\Delta x},R=\mathrm{O}(\Delta t,\Delta x) \tag{5.11}$$

用中央差分格式计算$\frac{\partial u}{\partial x}$,则

$$\frac{u_i^{n+1}-u_i^n}{\Delta t}=-c\,\frac{u_{i+1}^n-u_{i-1}^n}{2\Delta x},R=\mathrm{O}(\Delta t,\Delta x^2) \tag{5.12}$$

选取不同的差分格式,对线性平流方程的积分结果会有较大的影响。在差分格式中,截断误差 R 表示差分格式的精度。R 的阶次越高,差分格式的精度越高,误差越小。例如:中央差分格式(5.12)的空间差分精度就要比前差(5.10)和后差格式(5.11)的空间差分精度更高。

5.3.2 初值问题差分方程的一般形式

用一个简单的例子说明一般形式。考虑一维简谐运动的情况(图 5.1),O 代表平衡位置,A 和 B 代表小球偏离平衡位置的位移,在振动过程中弹簧的回复力始终指向平衡位置 O,m 表示质量,a 是强迫函数,V 和 x 分别表示速度和位置。这时振子的运动方程满足

$$\begin{cases}\dfrac{\mathrm{d}x}{\mathrm{d}t}=V\\ \dfrac{\mathrm{d}V}{\mathrm{d}t}=\dfrac{F}{m}=-\dfrac{a}{m}x\end{cases}\tag{5.13}$$

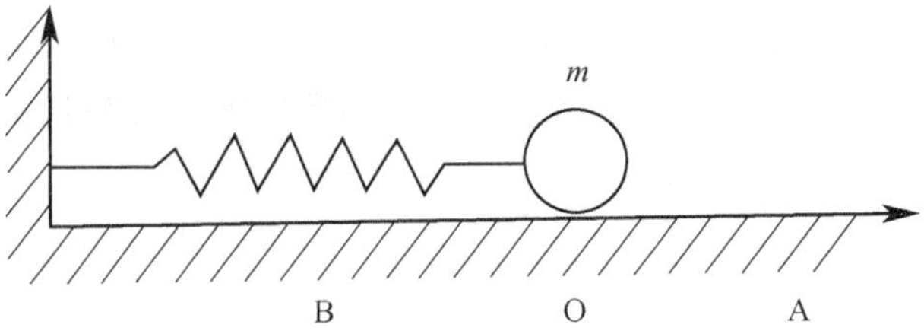

图 5.1　一维简谐运动示意图

令 $\boldsymbol{U}$ 表示系统状态矢量，L 表示线性矩阵算子，定义符号

$$\begin{cases}\boldsymbol{U}=(x,V)^T\\ L=\begin{bmatrix}0 & 1\\ -\dfrac{a}{m} & 0\end{bmatrix}\end{cases}$$

对于 $\boldsymbol{U}$ 的常微分，L 是个代数算子，(5.13)式可改写为

$$\frac{\mathrm{d}\boldsymbol{U}}{\mathrm{d}t}=L\boldsymbol{U}\tag{5.14}$$

当研究一个质点或质点组的运动时，得到一个常微分方程或方程组，总会引出初值问题；当描述一个连续介质的系统发展即局地变化时，要由偏微分定量决定系统的状态，它同样引出了初值问题。这两种情况的原理是相似的，因此式(5.14)也可以用于偏微分方程。以一维热传导方程为例，状态矢量 $\boldsymbol{U}$ 用标量温度 T 代替($\boldsymbol{U}(x,t)=T$)，L 取偏微分算子 $L=\dfrac{\partial}{\partial x}K\dfrac{\partial}{\partial x}$，于是热传导系数为 K 的扩散方程可写为

$$\frac{\partial T}{\partial t}-\frac{\partial}{\partial x}K\frac{\partial T}{\partial x}=0\tag{5.15}$$

设在 $t=0$ 时刻，$\boldsymbol{U}(\boldsymbol{r},0)$ 是确定的，在整个时域 $0\leqslant t\leqslant\tau$ 上 $\boldsymbol{U}$ 满足一定的边界条件，那么整个时间系统的状态可以简化为微分方程的初值问题

$$\begin{cases}\dfrac{\partial\boldsymbol{U}}{\partial t}=L\boldsymbol{U}\\ \boldsymbol{U}(\boldsymbol{r},0)=\boldsymbol{U}^0\end{cases}\tag{5.16}$$

在式(5.16)的个例中，系统状态定义在连续的空间中，L 是空间的微分算子。为了在计算机上求解一般的初值问题，我们首先需要把连续空间进行离散化，在空间网格上定义状态矢量 $\boldsymbol{U}$，此时算子 L 就由原来连续的微分算子转换为离散的差分

算子形式。对式(5.16)中各阶导数都用差商来近似，可以得到初值问题差分方程的一般形式

$$\boldsymbol{U}^{n+1}=H(\Delta x_1,\Delta x_2,\Delta x_3,\Delta t^n)U^n \tag{5.17}$$

式中 H 是差分算子。H 不是唯一的，它取决于具体选择的时间积分格式和空间差分格式。由于不同差分格式具有不同的内在性质，与原方程有不同的近似关系，呈现不同的数值效应，因此，要使得这些差分格式的数值解能反映真实的物理现象，就要判断差分格式的有效性、可靠性。

5.3.3 差分近似的相容性

当空间步长 Δx 和时间步长 Δt 很小时，差分方程是否逼近微分方程就是差分格式的相容性(一致性)问题。通常利用截断误差 R 来考察差分格式的相容性，即当 $(\Delta t,\Delta x)\to 0$ 时，$R\to 0$，则差分方程和微分方程是相容的。对于线性平流方程的三种差分格式，就可以利用相应的截断误差 R 对其相容性进行判定。

前差格式(5.10)可写为

$$\frac{u_i^{n+1}-u_i^n}{\Delta t}+c\,\frac{u_{i+1}^n-u_i^n}{\Delta x}+R=0, \tag{5.18}$$

当 $(\Delta t,\Delta x)\to 0$ 时 $R\to 0$，此时式(5.18)可写为：$\frac{u_i^{n+1}-u_i^n}{\Delta t\to 0}+c\,\frac{u_{i+1}^n-u_i^n}{\Delta x\to 0}=0$，差分方程就变成了微分方程(5.1)。同理可得，$\frac{u_i^{n+1}-u_i^n}{\Delta t\to 0}+c\,\frac{u_i^n-u_{i-1}^n}{\Delta x\to 0}=0$ 和 $\frac{u_i^{n+1}-u_i^n}{\Delta t\to 0}+c\,\frac{u_{i+1}^n-u_{i-1}^n}{2\Delta x\to 0}=0$，差分方程就变成了微分方程(5.1)。因此，可以判定这三种差分格式的差分方程与一维线性平流微分方程的是相容的(一致的)。

5.3.4 差分近似的精确性

差分格式的误差来源有两种：截断误差和舍入误差。截断误差是用差分方程近似代替微分方程的过程中造成的，这种误差依赖于 Δx 和 Δt。控制截断误差可以通过调整 Δx 和 Δt 以及差分格式，使得差分格式的截断误差达到所要求的精度。舍入误差依赖于计算机系统所描述变量的精度。数值计算差分方案需要做到的就是使得误差越小越好。由于求解差分方程的过程是逐层进行的，在差分过程中产生的误差将不断出现在以后的计算过程中，这样就会提出两个问题：①差分方程是否有界？②舍入误差是否会在以后数值计算过程中无限增长？这就使得我们需要评估差分解的稳定性。差分格式的截断误差 R 可采用如下方法进行估计：对相同的时间 t，设 $u(x,t)$ 为谐波函数 $A\sin(\mu x)$，波数 $\mu=2\pi/L$，L 为波长，则中央差商与微商之比为

$$Err = 1 - \frac{u_{i+1}^n - u_{i-1}^n}{2\Delta x} \bigg/ \left(\frac{\partial u}{\partial x}\right)_i^n$$
$$= 1 - \frac{A\sin[\mu(x+\Delta x)] - A\sin[\mu(x-\Delta x)]}{2\Delta x} \bigg/ A\mu\cos(\mu x)$$
$$= 1 - \frac{2A\cos\mu x\sin\mu\Delta x}{2\Delta x} \bigg/ A\mu\cos(\mu x) = 1 - \sin(2\pi\Delta x/L)/(2\pi\Delta x/L) \quad (5.19)$$

给定空间差分步长与波长的比值,即可获得中央差商与微商的比值(表 5.1)。波长为 $4\Delta x$ 以下的波误差很大,若需要相对误差低于 10%,波长需要达到 $8\Delta x$ 及以上。可见,高频波动在数值求解的过程中会对计算结果造成较大误差,进而导致数值计算的稳定性受到影响。因此,根据实际情况需要,对动力学方程进行一定的滤波处理,祛除声波,重力惯性波等高频波动。

表 5.1 不同波长对应的差商相对误差

$L/\Delta x$	2	4	6	8	10	12	∞
$\sin(2\pi\Delta x/L)/(2\pi\Delta x/L)$	0	0.63	0.82	0.90	0.93	0.95	1
Err	1	0.37	0.18	0.1	0.07	0.05	0

5.3.5 差分近似的收敛性

设 f 代表微分方程的解析解,F 代表差分方程的准确解,$\overline{F}$代表差分方程的近似解(数值解),则有 $f-\overline{F}=(f-F)+(F-\overline{F})$。上式右端第一项为截断误差,第二项为舍入误差。在一定的初值条件下,差分方程的解 F 是否逼近微分方程的解的问题,就是差分近似的收敛性问题,记为:

$$\lim_{\Delta x,\Delta t\to 0} \overline{F} = f,\text{或} \max|u_i^n - u(i\Delta x, n\Delta t)| \to 0, \Delta x, \Delta t \to 0 \quad (5.20)$$

其中 $u(i\Delta x,n\Delta t)$为微分方程的初值问题的真解,u_i^n 为与微分方程相容的差分格式解。如在解区域内满足上述方程,则称差分方程的解收敛于微分方程。

以一维平流方程(5.1)为例,初值条件为 $t=0$,$u(x,0)=F(x)$,方程解析解为 $u(x,t)=F(x-ct)$。方程在(x,t)空间上任意一点的真值(解析解)由初始点的值确定。若空间上选取向后差分格式和时间上选取向前差分格式,对微分方程进行差分,可以得到:

$$\frac{u_i^{n+1}-u_i^n}{\Delta t} + c\frac{u_i^n - u_{i-1}^n}{\Delta x} = 0 \to u_i^{n+1} = u_i^n - c\frac{\Delta t}{\Delta x}(u_i^n - u_{i-1}^n) \quad (5.21)$$

由差分方程可以看出,在第 $n+1$ 时刻$(t=(n+1)\Delta t)$的第 i 个格点$(x=i\Delta x)$上平流速度值u_i^{n+1}可以由第 n 个时刻$(t=n\Delta t)$的格点 i 及 $i-1$ 上的平流速度值u_i^n和u_{i-1}^n求出。因此,只要我们给定初始时刻$(t=0)$的平流速度值及边界值,就可以差分方式求解任意时刻的平流速度值u_i^{n+1}。

差分方案收敛性可形象地表示为图 5.2。在 $n\Delta t$ 时刻 P 点的真解为 $u(i\Delta x, n\Delta t)$，也可写为解析解形式 $F(i\Delta x - cn\Delta t)$，P 点的真解仅与初始轴上的点 A 有关，点 A 称为真解的依赖点，PA 为真解的特征线，而差分方案给出 P 点的数值解却是由图中标有“○”的各点决定，它们称为数值解的依存域。直线 PA 和 PC 的斜率分别是 $\frac{1}{c}$ 和 $\frac{\Delta t}{\Delta x}$，如果 $\frac{1}{c} \geqslant \frac{\Delta t}{\Delta x}$，则 A 点落入线段 BC 内，反之落入线段 BC 之外。若 $(\Delta x, \Delta t) \to 0$ 但始终保持 $|c\Delta t/\Delta x| \geqslant 1$，则 A 点的初值与 BC 内点的初值毫无关系，即差分方程的解和微分方程的解无关。差分解也无法收敛至微分解。

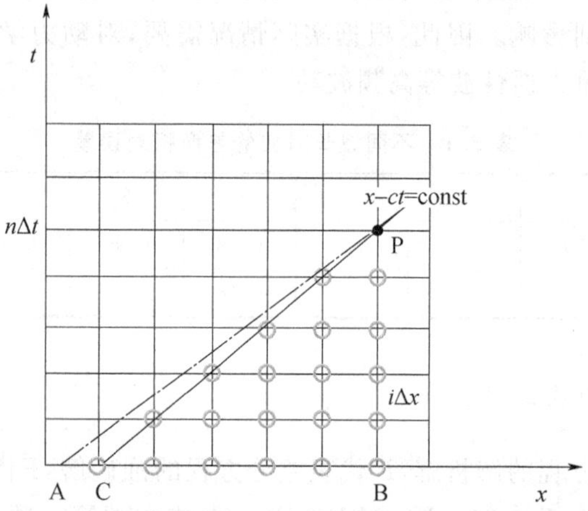

图 5.2　差分方案收敛示意图

因此，一个差分方程收敛的必要条件是真解的特征线必须在相应的数值解的依存域内。这个条件称科朗条件，即 $\frac{1}{c} \geqslant \frac{\Delta t}{\Delta x}$ 或 $c\Delta t \leqslant \Delta x$。差分格式(5.21)虽然是相容的，但当不满足称科朗条件时，它也是不收敛的。这表明即使差分格式满足相容条件，但并不能保证它的收敛性。由于对应微分方程的真解通常是未知的，要直接证明差分格式的收敛性存在一定的困难。因此，在说明收敛性问题之前，下面先来讨论差分格式的稳定性问题。

5.3.6　一维线性平流方程差分格式的稳定性

一维线性平流方程的差分近似稳定性有多种测试方法，包括直接测试数值解的有界性、测试 $\sum (u_i^n)^2$ 是否有界、冯纽曼方法和矩阵法等。

(1)直接测试数值解的有界性

将式(5.11)改写为

$$u_i^{n+1} = u_i^n - c\frac{\Delta t}{\Delta x}u_i^n + c\frac{\Delta t}{\Delta x}u_{i-1}^n = \left(1 - c\frac{\Delta t}{\Delta x}\right)u_i^n + c\frac{\Delta t}{\Delta x}u_{i-1}^n \tag{5.22}$$

设 $\beta=c\,\dfrac{\Delta t}{\Delta x}$,则有

$$u_i^{n+1}=(1-\beta)u_i^n+\beta u_{i-1}^n \tag{5.23}$$

若 $1-\beta\geqslant 0$ 成立,根据 $|a+b|\leqslant|a|+|b|$,易得

$$|u_i^{n+1}|\leqslant(1-\beta)|u_i^n|+\beta|u_{i-1}^n| \tag{5.24}$$

且有

$$\max_i|u_i^{n+1}|\leqslant(1-\beta)\max_i|u_i^n|+\beta\max_i|u_i^n|=\max_i|u_i^n| \tag{5.25}$$

对式(5.25)进行递推,易得 $\max\limits_i|u_i^{n+1}|\leqslant\max\limits_i|u_i^n|\leqslant\cdots\leqslant\max\limits_i|u_i^0|$,一维线性平流方程的数值解有界。因此 $\beta\leqslant 1$ 是差分格式(5.11)的数值解稳定的充分条件。

(2)测试 $\sum(u_i^n)^2$ 是否有界

对式(5.23)等号两端作平方和运算

$$\sum_i(u_i^{n+1})^2=\sum_i\left[(1-\beta)^2(u_i^n)^2+2\beta(1-\beta)u_i^n u_{i-1}^n+\beta^2(u_{i-1}^n)^2\right] \tag{5.26}$$

设满足周期计算域条件 $u_{-1}=u_l$(l 是格点的最大编号),则存在如下关系式

$$\sum_i(u_{i-1}^n)^2=\sum_i(u_i^n)^2 \tag{5.27}$$

由施瓦茨不等式,有

$$\sum_i u_i^n u_{i-1}^n\leqslant\sqrt{\sum_i(u_i^n)^2}\sqrt{\sum_i(u_{i-1}^n)^2}=\sum_i(u_i^n)^2 \tag{5.28}$$

将式(5.28)代入式(5.26),且当 $1-\beta\geqslant 0$ 时

$$\sum_i(u_i^{n+1})^2\leqslant\left[(1-\beta)^2+2\beta(1-\beta)+\beta^2\right]\sum_i(u_i^n)^2=\sum_i(u_i^n)^2 \tag{5.29}$$

因此,$\beta\leqslant 1$ 和周期边界条件是格式(5.11)的数值解稳定的充分条件。

(3)冯纽曼(Von-Neumann)方法

设一维线性平流方程(5.1)有如下形式的解

$$u(x,t)=F(x-ct)$$

设其初始条件如下波动形式

$$u(x,0)=F(x)=Ae^{Ikx} \tag{5.30}$$

式(5.30)中,$I=\sqrt{-1}$,A 为振幅,$k=2\pi/L$ 为波数,L 是波长,则一维线性平流方程(5.1)的解可表示为

$$u(x,t)=F(x-ct)=Ae^{Ik(x-ct)}$$

对差分方程的数值解可类似地写为

$$u_i^n=A^n e^{Ikx_i} \tag{5.31}$$

将式(5.31)代入时间取向前差分和空间取向后差分格式(5.23),可推得

$$A^{n+1}=(1-\beta+\beta e^{-Ik\Delta x})A^n,\ \Delta x=x_i-x_{i-1}$$

定义增幅因子

$$G=\frac{A^{n+1}}{A^n}=1-\beta+\beta e^{-Ik\Delta x} \tag{5.32}$$

容易得到下列关系式

$$A^n=GA^{n-1}=\cdots=G^nA^0 \tag{5.33}$$

将式(5.33)代入式(5.31)，得

$$u_i^n=A^0G^ne^{Ikx_i} \tag{5.34}$$

可见，当$|G|\leqslant 1$时，差分近似解的振幅是有界的。因此，差分格式是稳定的。这即为 Von-Neumann 判定差分格式稳定性的必要条件。

应用欧拉公式展开式(5.32)中的$e^{-Ik\Delta x}$，易得

$$G=1-\beta+\beta\cos k\Delta x-I\beta\sin k\Delta x$$

进一步可以获得增幅因子G模值的平方

$$|G|^2=(1-\beta+\beta\cos k\Delta x)^2+(\beta\sin k\Delta x)^2=1-4\beta(1-\beta)\sin^2\frac{k\Delta x}{2} \tag{5.35}$$

当$|G|\leqslant 1$时，$1-4\beta(1-\beta)\sin^2\frac{k\Delta x}{2}\leqslant 1$，即，$4\beta(1-\beta)\sin^2\frac{k\Delta x}{2}\geqslant 0$。由不等式$\beta(1-\beta)\geqslant 0$可以求出$\beta$需满足$0\leqslant\beta\leqslant 1$。因此，差分格式(5.23)的稳定性条件为$\beta=c\frac{\Delta t}{\Delta x}\leqslant 1$。

差分格式的相容性、收敛性和稳定性之间的关系可用拉克斯(Lax)等价定理用来说明。若差分方程逼近微分方程，即差分格式与微分方程是相容的，或者差分格式满足相容性条件，差分格式的稳定性保证了其收敛性。因此，保持差分格式的稳定性尤为重要。此外，在设计差分格式时，还必须考虑计算的有效性和节约计算资源，尽可能选择计算简单、速度快、占用计算机内存少的方案。

5.3.7　上游差分格式与数值扩散

一维线性平流方程的空间导数分别用空间后差或前差格式近似代替，可得到微分—差分方程

$$\frac{\partial u_i}{\partial t}+c\frac{u_i-u_{i-1}}{\Delta x}=0\quad c>0 \tag{5.36a}$$

$$\frac{\partial u_i}{\partial t}+c\frac{u_{i+1}-u_i}{\Delta x}=0\quad c<0 \tag{5.36b}$$

式(5.36a)和式(5.36b)中的空间差分称为上游差分。如果我们将波动解$u_i(t)=U(t)e^{Iki\Delta x}$代入(5.36a)，可得

$$e^{Iki\Delta x}\frac{\mathrm{d}U}{\mathrm{d}t}+c\frac{e^{Iki\Delta x}-e^{Ik(i-1)\Delta x}}{\Delta x}U=0 \tag{5.37}$$

$$\frac{\mathrm{d}U}{\mathrm{d}t}+c\frac{1-\cos k\Delta x+I\sin k\Delta x}{\Delta x}U=0 \tag{5.38}$$

$$\frac{\mathrm{d}U}{\mathrm{d}t}+Ik\frac{c\sin k\Delta x}{k\Delta x}U=-\frac{c}{\Delta x}(1-\cos k\Delta x)U \tag{5.39}$$

其中$-\frac{c}{\Delta x}(1-\cos k\Delta x)U$为上游差分格式的扩散项。当波长$L\to\infty$时,波数$k\to 0$,此时

$$\begin{cases}\dfrac{\sin k\Delta x}{k\Delta x}=\left.\dfrac{\mathrm{d}(\sin k\Delta x)}{\mathrm{d}(k\Delta x)}\right|_{k\to 0}=1\\ 1-\cos k\Delta x\,|_{k\to 0}=0\end{cases} \tag{5.40}$$

当波长$L\to 4\Delta x$时,$k\to\frac{\pi}{2\Delta x}$

$$\begin{cases}\left.\dfrac{\sin k\Delta x}{k\Delta x}\right|_{k\to\frac{\pi}{2\Delta x}}=\dfrac{2}{\pi}\\ 1-\cos k\Delta x\,|_{k\to\frac{\pi}{2\Delta x}}=1\end{cases} \tag{5.41}$$

当波长$L\to 2\Delta x$时,$k\to\frac{\pi}{\Delta x}$

$$\begin{cases}\left.\dfrac{\sin k\Delta x}{k\Delta x}\right|_{k\to\frac{\pi}{\Delta x}}=0\\ 1-\cos k\Delta x\,|_{k\to\frac{\pi}{\Delta x}}=2\end{cases} \tag{5.42}$$

结果说明上游差分格式中扩散项的减幅效应较强。随波长的缩短,这种扩散的影响增强,且数值解振动性质逐渐减弱。图 5.3 可以看到平流方程在随时间的波动过程中振幅没有发生变化,而数值解受到扩散项的影响而出现减幅的现象。

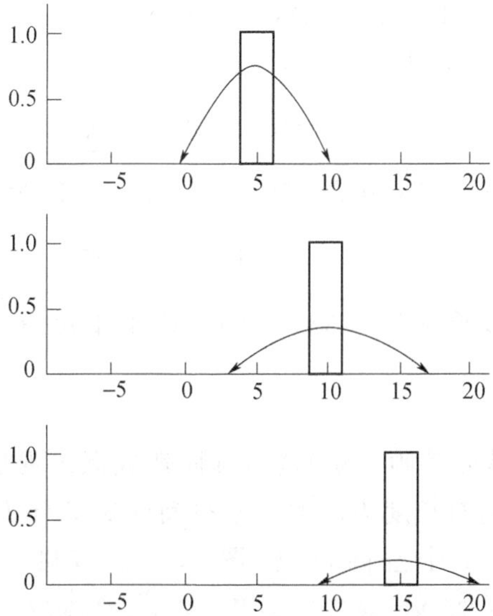

图 5.3　上游差分-微分方程的解与平流方程的精确解

如果把式(5.36a)中的时间导数项用时间向前差分近似代替，就得到常见的上游差分格式

$$\frac{u_i^{n+1}-u_i^n}{\Delta t}+c\,\frac{u_i^n-u_{i-1}^n}{\Delta x}=0 \tag{5.43}$$

代入波动解$u_i^n=U^n e^{Iki\Delta x}$，可得

$$\frac{U^{n+1}e^{Iki\Delta x}-U^n e^{Iki\Delta x}}{\Delta t}+c\,\frac{U^n e^{Iki\Delta x}-U^n e^{Ik(i-1)\Delta x}}{\Delta x}=0 \tag{5.44}$$

$$\frac{U^{n+1}-U^n}{\Delta t}+c\,\frac{U^n-U^n e^{-Ik\Delta x}}{\Delta x}=0 \tag{5.45}$$

$$\frac{U^{n+1}}{U^n}=1-c\,\frac{\Delta t}{\Delta x}+c\,\frac{\Delta t}{\Delta x}e^{-Ik\Delta x} \tag{5.46}$$

$$\frac{U^{n+1}}{U^n}=1-c\,\frac{\Delta t}{\Delta x}+c\,\frac{\Delta t}{\Delta x}(\cos k\Delta x-I\sin k\Delta x)=G \tag{5.47}$$

根据式(5.47)容易计算增幅因子G模值的平方

$$|G|^2=\left(1-c\,\frac{\Delta t}{\Delta x}+c\,\frac{\Delta t}{\Delta x}\cos k\Delta x\right)^2+\left(c\,\frac{\Delta t}{\Delta x}\sin k\Delta x\right)^2 \tag{5.48}$$

令$\beta=c\,\dfrac{\Delta t}{\Delta x}$，则

$$\begin{aligned}|G|^2&=(1-\beta+\beta\cos k\Delta x)^2+(\beta\sin k\Delta x)^2\\&=1-2\beta+2\beta\cos k\Delta x-2\beta^2\cos k\Delta x+2\beta^2\end{aligned} \tag{5.49}$$

$$\begin{aligned}|G|^2&=1-2\beta(1-\cos k\Delta x)+2\beta^2(1-\cos k\Delta x)\\&=1-2\beta(1-\beta)(1-\cos k\Delta x)\end{aligned} \tag{5.50}$$

采用三角函数半角公式可将式(5.50)改写为

$$|G|^2=1-4\beta(1-\beta)\sin^2\frac{k\Delta x}{2} \tag{5.51}$$

根据稳定性条件，$|G|^2\leqslant 1$，则需$4\beta(1-\beta)\geqslant 0$。由于平流方程差分格式中已令$c\geqslant 0$，此时$1-\beta\geqslant 0$，即$\beta\leqslant 1$。根据式(5.51)，当$\sin^2\dfrac{k\Delta x}{2}=1$时，数值扩散导致的减幅达到最大，此时最短波长为$L=2\Delta x$，减幅效果随波长缩短而增强。

5.3.8 混淆误差

由于有限网格不能正确地分解短波，从而造成混淆现象，而混淆误差可能会引起计算不稳定。我们对长度为L_x的一维空间区域进行I等分，即$L_x=I\Delta x$，Δx是空间步长，共有$I+1$个空间格点(图5.4)。该网格能分解的最小波长为$2\Delta x$。

函数u在格点上的值可表示为傅里叶级数的形式

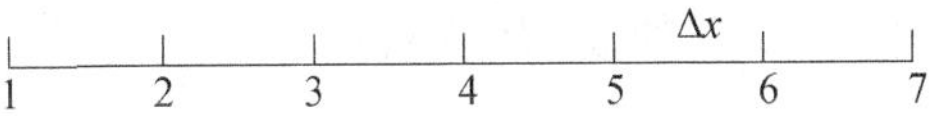

图 5.4　一维空间区域等分示意图

$$u_i = \sum_{k=0}^{I/2}\left(a_k\cos\frac{2\pi}{L_x}k\,x_i + b_k\sin\frac{2\pi}{L_x}k\,x_i\right) \tag{5.52}$$

由于 $x_i=i\Delta x$，上式也可以写为

$$\begin{aligned}u_i &= \sum_{k=0}^{I/2}\left(a_k\cos\frac{2\pi}{L_x}ki\Delta x + b_k\sin\frac{2\pi}{L_x}ki\Delta x\right)\\ &= \sum_{k=0}^{I/2}\left(a_k\cos\frac{2\pi}{I}ki + b_k\sin\frac{2\pi}{I}ki\right)\end{aligned} \tag{5.53}$$

相对于最小波长为 $2\Delta x$，最大波数 $k_{max}=\frac{L_x}{2\Delta x}=\frac{I\Delta x}{2\Delta x}=\frac{I}{2}$ 为该网格系统可分辨的最大波数。

假设 u_i 中包含 2 个波，波数分别为 k_1 和 k_2，由于非线性相互作用将产生波数为 k_1+k_2 和 k_1-k_2 的波。若 $k_1+k_2>I/2$，引入变量 S 使得 $k_1+k_2=I-S$，则 $S<I/2$。对于 u 的两个三角函数分量

$$\begin{cases}\cos\dfrac{2\pi(k_1+k_2)i}{I}=\cos\dfrac{2\pi(I-S)i}{I}=\cos\left(\dfrac{2\pi Si}{I}\right)\\[2ex] \sin\dfrac{2\pi(k_1+k_2)i}{I}=\sin\dfrac{2\pi(I-S)i}{I}=-\sin\dfrac{2\pi Si}{I}\end{cases} \tag{5.54}$$

上述结果表明，波数为 k_1+k_2 的波在有限网格中表现为波数 S 的波。由于 $k_1+k_2>I/2$，相应地波长 $L_{k_1+k_2}=\frac{I\Delta x}{k_1+k_2}<2\Delta x$；而波数为 S 的波，相应波长为 $L_S=\frac{I\Delta x}{S}>2\Delta x$。因此，波数为 k_1 和 k_2 的两个谐波非线性相互作用，在有限网格中不能正确地分解为 k_1+k_2 的波，即无法分解为波长小于 $2\Delta x$ 的波，而是把它错误地表示为波长大于 $2\Delta x$ 的 S 分量波。例如，取 $I=12$，则有限网格可以分解的最大波数为 $I/2=6$。此时，若设 $k_1=6$，$k_2=2$，波数 $k_1+k_2=8$（图 5.5 中实线），只能表示为波数 $S=I-(k_1+k_2)=4$（图 5.5 中虚线），使原有波数为 4 波的能量发生变化。这是由于差分近似而产生的，并不是真实的物理过程。

假设 $k_1=I/2$，$k_2=I/4$，则 $S=I-(k_1+k_2)=I/4$。说明波长为 $2\Delta x$ 和波长为 $4\Delta x$ 的波相互作用，就会有能量反馈到波长为 $4\Delta x$ 的波中去。如果这种过程不断重复，波长为 $4\Delta x$ 的能量就会迅速增长，导致非线性计算不稳定的发生。可以证明，只对很短的波才发生能量的反馈。假设 k_1 和 k_2 相互作用，能量反馈到 k_1 中，则有 $I-(k_1+k_2)=k_1$ 或 $2k_1=I-k_2$，由于最大波数为 $I/2$，有 $k_2\leqslant I/2$ 和 $2k_1\geqslant I/2$，容易获

得$k_1 \geqslant I/4$。因此，发生能量反馈的波，其波长$\left(L_k=\frac{I\Delta x}{k}\right)$必定在 $2\Delta x$ 和 $4\Delta x$ 之间，也就是说非线性不稳定产生的主要原因是短波能量虚假增长。

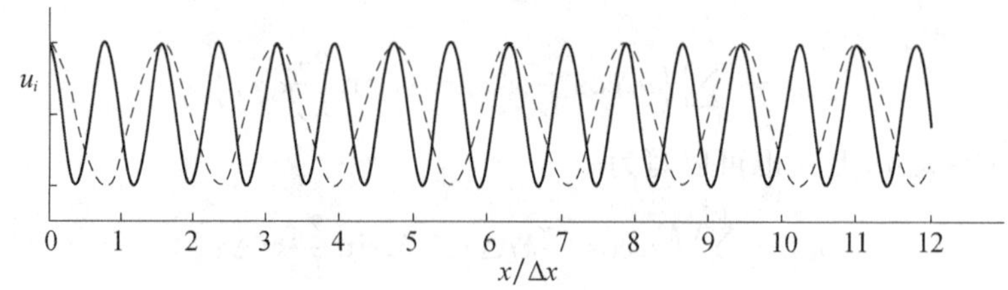

图 5.5　混淆误差示意图(实线为波数k_1+k_2的分量，虚线为波数 S 的分量)

计算稳定性是偏微分方程近似计算的一个中心问题，对于它产生的原因虽然没有完全搞清楚，但是针对已经了解的原因，可以提出一些克服计算不稳定的有效方法，主要有以下几点：

(1)进行空间或者时间平滑，滤去短波分量，特别是滤除波长小于四倍格距的波分量可以消除混淆误差。

(2)增加水平扩散项 $r\nabla^2 A$，A 为某一物理量，r 为扩散系数，扩散作用的大小由 r 来控制，但增加人工扩散项不能超过实际的物理扩散效果。

(3)构造具有隐式平滑或某种选择性衰减作用的差分格式.

以上三种方法在实际应用过程中都是有效的，但是这些措施在克服短波系统增长的同时也会对长波系统产生影响，同时过多地使用平滑算子或者人工扩散系数过大都会影响预报效果。因此，构造守恒的差分格式，使得差分方程尽可能保持原来连续系统的物理规律和一些守恒关系，尤其是构造能量守恒的差分格式是克服非线性计算不稳定的一种有效办法。

5.3.9　差分格式的耗散性、色散性和守恒性

(1)差分解在准确解剧烈变化的位置常常呈光滑现象，这种格式我们称为具有耗散性(或称为具有耗散效应)。

(2)在准确解剧烈变化的地方还常呈现微小的“高频振荡”，这种格式称为具有色散性。

(3)一般说来，实际问题的流体力学模型，都体现了某些物理属性的守恒性。为这些模型设计差分格式时，只有尽可能多地保持这些守恒性，才能期望数值计算有好的结果。守恒性是一个宏观的性质，需要在整个解域上，至少在某个较大的解域上来讨论这个问题。

5.4　实习内容

(1)采用如下初始条件

$$u(x,0)=\sin(\pi x),0\leqslant x\leqslant 1$$

$$c=1.5,\mathrm{d}x=0.05,\mathrm{d}t=0.004$$

设置一维线性平流方程的边界条件。根据上述边界条件,设置 x 方向格点数($nlon$)、x 方向格距($\mathrm{d}x$)、积分时间步长 $\mathrm{d}t$ 和常数 c 的值,对运动速度 u 进行初始化。

实验步骤及程序示例

clear;clc	

nlon=20;
ntime=3000;
dx=0.05;
dt=0.004;
c=1.5;
	设置纬向格点数($nlon$)、x 方向格距($\mathrm{d}x$)、积分次数(ntime)、积分时间步长($\mathrm{d}t$)和常数 c 的值

u=zeros(nlon,ntime); u(:,1)=sin((1:nlon) * pi * dx);	按边界条件对运动速度 u 进行初始化。

程序示例为 euler_difference_scheme.m。

(2)采用前差格式积分线性平流方程,空间差分采用中央差格式。前差格式可写为 $u_i^{n+1}=u_i^n-c\dfrac{u_{i+1}^n-u_{i-1}^n}{2\Delta x}\Delta t$,循环积分所有格点上的运动速度 u,并求出相应的动能$\left(\dfrac{(u_i^n)^2}{2}\right)$。

实验步骤及程序示例

function [u,uk]=time_integration(u,c,dx,dt,difference_scheme)	定义时间积分子程序,输入变量为运动速度 u、常数 c、格距($\mathrm{d}x$)、积分时间步长($\mathrm{d}t$)和差分方案(difference_scheme)

nlon=size(u,1);
ntime=size(u,2);
uk=zeros(ntime,1);
	根据运动速度 u 的维度新建数组 uk 保存相应的动能$\left(\dfrac{(u_i^n)^2}{2}\right)$

switch difference_scheme case 'forward'	跳转到前差格式部分
for step_id=2:ntime	循环积分

续表

8	for lon_id=2:nlon-1	根据前差格式积分线性平流方程，并计算边界内每一个格点上的动能
9	u(lon_id,step_id)=u(lon_id,step_id-1) -0.5 * c * dt/dx * (u(lon_id+1,step_id-1)- u(lon_id-1,step_id-1));	
10	uk(step_id)=uk(step_id)+u(lon_id, step_id)^2/2;	
11	end	
12	u(nlon,step_id)=u(nlon,step_id-1);	采用固定边界条件，对边界点赋值并计算相应的动能
13	u(1,step_id)=u(1,step_id-1);	
14	uk(step_id)=uk(step_id)+	
15	u(nlon,step_id)^2/2 +u(1,step_id-1)^2/2;	
16	end	

程序示例为 time_integration.m 的“case forward”部分。在主程序中调用前差格式

```
[u1,uk1]=time_integration(u,c,dx,dt,'forward');
```

(3)分析差分格式的稳定性。

对一维线性平流方程(5.1)的时间微分$\frac{\partial u}{\partial t}$采用前差格式进行计算，空间微分$\frac{\partial u}{\partial x}$采用中央差格式进行计算，则一维线性平流方程的差分方程可写为

$$u_i^{n+1}=u_i^n-c\frac{\Delta t}{2\Delta x}(u_{i+1}^n-u_{i-1}^n) \tag{5.55}$$

设$\beta=c\frac{\Delta t}{2\Delta x}$，则

$$u_i^{n+1}=u_i^n-\beta(u_{i+1}^n-u_{i-1}^n) \tag{5.56}$$

应用冯·纽曼方法，设差分方程式(5.56)的解为

$$u_i^n=A^n e^{Ikx_i} \tag{5.57}$$

将式(5.57)代入式(5.56)中，可得

$$A^{n+1}=(1-\beta e^{Ik(x_{i+1}-x_i)}+\beta e^{-Ik(x_i-x_{i-1})})A^n \tag{5.58}$$

引入$x_{i+1}=x_i+\Delta x$，Δx 为网格距，则

$$A^{n+1}=(1-\beta e^{Ik\Delta x}+\beta e^{-Ik\Delta x})A^n \tag{5.59}$$

进而可获得增幅因子

$$G=\frac{A^{n+1}}{A^n}=1-\beta e^{Ik\Delta x}+\beta e^{-Ik\Delta x} \tag{5.60}$$

应用欧拉公式易得

$$G=1-\beta(\cos k\Delta x+I\sin k\Delta x)+\beta(\cos k\Delta x-I\sin k\Delta x) \tag{5.61}$$

$$G=1-2I\beta\sin k\Delta x \tag{5.62}$$

$$|G|^2=1^2+(-2\beta\sin k\Delta x)^2=1+4\beta^2\sin^2 k\Delta x \tag{5.63}$$

可见，$|G|\geqslant 1$，一维线性平流方程的这种差分格式是不稳定的。根据实际积分结果也可看出，总动能 $\sum (u_i^n)^2/2$ 在积分 800 次之后迅速增大，计算溢出(图 5.6)。

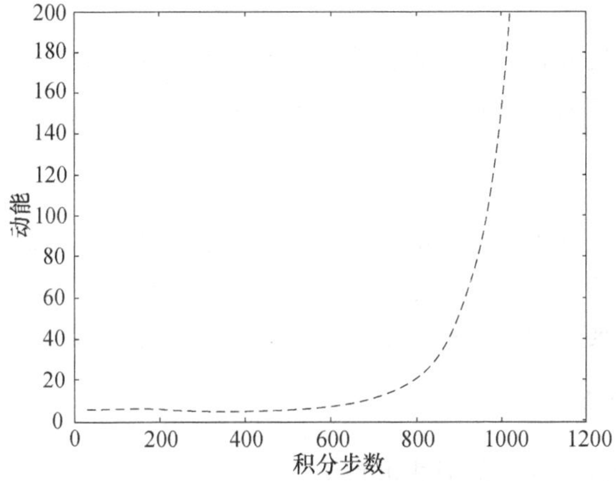

图 5.6　动能随积分步数的变化

实验步骤及程序示例

1	[u1,uk1]=time_integration(u,c,dx,dt,'forward');	采用差分格式(5.55)积分一维线性平流方程
2	plot(1:ntime,uk1,'--k','linewidth',1.5);	绘制动能$\left(\frac{(u_i^n)^2}{2}\right)$的时间演变图，设置 y 轴的上下限和坐标轴名称
3	ylim([0 200])	
4	xlabel('积分步数')	
5	ylabel('动能')	

习题

(1)分析时间层采用后差格式，空间层分别采用中央差分和前差格式的一维线性平流差分方程的稳定性。

(2)取 $c=2.5$，$dx=0.05$，$dt=0.004$，初始条件 $u(x,0)=\sin(\pi x)+1.5$，$0\leqslant x\leqslant 1$，对习题(1)中一维线性平流差分方程进行积分，绘制动能随积分步数的变化。

实习6　一维线性平流方程的两时间层积分方案(Ⅱ)

6.1　实习目的

通过编程实现用欧拉后差格式积分一维线性平流方程，使学生掌握欧拉后差格式的计算方法及欧拉后差格式稳定性分析的方法。

6.2　实习要求

编写运行一维线性平流方程的欧拉后差格式的 MATLAB 程序。通过理论推导和绘制数值解时间演变图，分析欧拉后差格式的稳定性。撰写实习报告，分析程序流程和积分结果。要求学生在机房现场操作，实习教师随堂讲解和指导。

6.3　相关知识回顾

数值天气预报方程的一般形式可写为

$$\frac{\partial A}{\partial t}=B\left(A,\frac{\partial A}{\partial t},c\right) \tag{6.1}$$

式中 c 为常数。由于 B 中包含有非线性项，获得式(6.1)的解析解几乎是不可能的。为了能得到式(6.1)数值解中的基本特征，假设 A 具有波动解 $A=u(t)e^{i(kx+ly)}$，则式(6.1)表示为

$$\frac{\mathrm{d}u}{\mathrm{d}t}=F \tag{6.2}$$

式(6.2)的解与 F 函数的形式有关。为了分析时间积分格式的稳定性，通常根据函数 F 的性质将问题分为两类：当 $\frac{\partial F}{\partial u}$ 为虚数时，式(6.2)描述的是大气运动常见的振动类问题；当 $\frac{\partial F}{\partial u}$ 为实数时，方程(6.2)描述的是大气运动的摩擦类问题，$\frac{\partial F}{\partial u}<0$ 描述大气运动中衰减类问题，$\frac{\partial F}{\partial u}>0$ 描述大气运动中增长类问题。

6.3.1　振动类问题

首先以振动类问题为对象，来分析时间积分方案问题。假设方程式(6.2)中 $F=$

$i\omega u$,其中 ω 表示振荡频率,u 表示质点移动速度。则有

$$\frac{\mathrm{d}u}{\mathrm{d}t}=i\omega u \tag{6.3a}$$

以一维线性平流方程$\frac{\partial A}{\partial t}+c\frac{\partial A}{\partial x}=0$ 为例,设 A 的波动解为 $A=u(t)e^{-ikx}$,则

$$e^{-ikx}\frac{\mathrm{d}u(t)}{\mathrm{d}t}-icku(t)e^{-ikx}=0 \tag{6.3b}$$

$$\frac{\mathrm{d}u(t)}{\mathrm{d}t}=icku(t)=i\omega u \tag{6.3c}$$

其中 $\omega=kc$,c 为相速。因此,平流方程可以表示为振动类方程的形式,其解析解推导如下

$$\frac{\mathrm{d}u(t)}{\mathrm{d}t}=i\omega u \tag{6.3d}$$

在[0,t]上对(6.3d)进行积分,则易获得解析解为

$$u(t)=u(0)e^{i\omega t} \tag{6.4a}$$

用差分形式 $n\Delta t$ 替换 t,则

$$u(n\Delta t)=u(0)e^{i\omega n\Delta t} \tag{6.4b}$$

当自变量 t 改变一个时间步长 Δt 时,位相角将变化 $\omega\Delta t$,而在复平面上解的振幅 $u(0)$并未发生改变。这样就可以据振动类方程(6.3a)解的性质来分析平流方程差分近似解的性质。

6.3.2　摩擦类问题

大气热传导(或热扩散)等方程属于摩擦类问题,方程形式为

$$\frac{\partial A}{\partial t}=\sigma\frac{\partial^2 A}{\partial x^2},\sigma>0 \tag{6.5}$$

设 A 的波动解为 $A=u(t)e^{-ikx}$,则

$$\frac{\partial u}{\partial t}=-\sigma k^2 u=-Ku,K=\sigma k^2>0 \tag{6.6}$$

易解出

$$u(t)=u(0)e^{-Kt} \tag{6.7}$$

式(6.7)说明式(6.6)的解随时间呈现出指数性衰减($K>0$),可以据此分析热传导(扩散)过程中差分近似解的性质。

6.3.3　时间积分格式

数值天气预报模式中的空间差分格式与时间积分格式对数值预报模式的建立非常重要。选择计算稳定、计算精度高同时又能够节省计算时间显得尤为重要。常

用的时间积分格式主要有以下几种:(1)显示格式,(2)隐式格式,(3)半隐式格式和(4)时间分离格式等。其中,显示格式是指用当前时间层的已知函数值求出下一个时间层函数值的计算方案;隐式格式是指在差分方程组的右端还包含有待求时间层的未知函数值。本节简要介绍二时间层积分格式中的非迭代格式和迭代格式,并讨论每种格式的性质。

6.3.3.1 二时间层积分格式(非迭代格式)

二时间层的积分格式及其截断误差(R)如下。

(1)欧拉格式(显示格式)

$$u^{n+1}=u^n+\Delta t F^n, \quad R=O(\Delta t) \tag{6.8}$$

(2)后差格式(隐式格式)

$$u^{n+1}=u^n+\Delta t F^{n+1}, R=O(\Delta t) \tag{6.9}$$

(3)梯形格式(隐式格式)

$$u^{n+1}=u^n+\frac{\Delta t}{2}(F^n+F^{n+1}), R=O(\Delta t^2) \tag{6.10}$$

以上三种格式可写为通式

$$u^{n+1}=u^n+\Delta t(\alpha F^n+\beta F^{n+1}) \tag{6.11}$$

其中 $\alpha+\beta=1$。当 $\alpha=1,\beta=0$ 时,式(6.11)为欧拉格式;当 $\alpha=0,\beta=1$ 时,式(6.11)为后差格式;当 $\alpha=\beta=1/2$ 时,式(6.11)为梯形格式。下面以振动类方程为例,对上述三种格式进行分析。取 $F=i\omega u$,则有

$$u^{n+1}=u^n+i\omega\Delta t(\alpha u^n+\beta u^{n+1}) \tag{6.12}$$

合并相同时间层的项,

$$u^{n+1}=\frac{1+i\omega\alpha\Delta t}{1-i\omega\beta\Delta t}u^n \tag{6.13}$$

增幅因子可写为

$$G=\frac{1+i\omega\alpha\Delta t}{1-i\omega\beta\Delta t}=\frac{1-\alpha\beta(\omega\Delta t)^2+i\omega\Delta t}{1+\beta^2(\omega\Delta t)^2} \tag{6.14}$$

通过分析增幅因子 G,可对差分格式的稳定性进行讨论。振动类方程的解析解式(6.4b)表明,每时间步长的位相变化为 $\omega\Delta t$,若我们定义差分解每个时间步长 Δt 的位相改变量是 $\Delta\theta$,那么 $\Delta\theta$ 表示为:

$$\Delta\theta=\tan^{-1}\frac{G_{IM}}{G_{RE}} \tag{6.15}$$

式中 G_{IM} 和 G_{RE} 分别是增幅因子的虚部和实部。因此,可用 $\Delta\theta$ 与 $\omega\Delta t$ 之比来表征不同差分格式所造成的位相误差,即

$$\frac{\Delta\theta}{\omega\Delta t}\begin{cases}>1 & \text{加速}\\ =1 & \text{无影响}\\ <1 & \text{减速}\end{cases} \tag{6.16}$$

对于欧拉格式 $\alpha=1,\beta=0$，增幅因子

$$G=\frac{1-\alpha\beta(\omega\Delta t)^2+i\omega\Delta t}{1+\beta^2(\omega\Delta t)^2}=1+i\omega\Delta t\rightarrow|G|^2=1+(\omega\Delta t)^2\geqslant 1 \tag{6.17}$$

说明欧拉格式是不稳定的。如果随意使用欧拉时间积分格式，将导致不能容忍的增幅。欧拉格式的位相误差为

$$\frac{\Delta\theta}{\omega\Delta t}=\frac{\tan^{-1}\frac{\omega\Delta t}{1}}{\omega\Delta t}=\frac{\omega\Delta t-\frac{(\omega\Delta t)^3}{3}+\cdots}{\omega\Delta t}=1-\frac{(\omega\Delta t)^2}{3}+\cdots\leqslant 1 \tag{6.18}$$

表明欧拉格式差分解的相速度比真解小，差分解减速。当真解到达某一位相时，差分解到达该位相的时间将有所滞后。

对于后差格式 $\alpha=0,\beta=1$，增幅因子

$$G=\frac{1-\alpha\beta(\omega\Delta t)^2+i\omega\Delta t}{1+\beta^2(\omega\Delta t)^2}=\frac{1+i\omega\Delta t}{1+(\omega\Delta t)^2} \tag{6.19}$$

$$|G|^2=\left(\frac{1}{1+(\omega\Delta t)^2}\right)^2+\left(\frac{\omega\Delta t}{1+(\omega\Delta t)^2}\right)^2=\frac{1+(\omega\Delta t)^2}{[1+(\omega\Delta t)^2]^2}\leqslant 1 \tag{6.20}$$

可见，后差格式为无条件稳定格式，或称为绝对稳定格式。后差格式的位相误差为

$$\frac{\Delta\theta}{\omega\Delta t}=\frac{\tan^{-1}\left(\frac{\omega\Delta t}{1+(\omega\Delta t)^2}\Big/\frac{1}{1+(\omega\Delta t)^2}\right)}{\omega\Delta t}=\frac{\tan^{-1}\frac{\omega\Delta t}{1}}{\omega\Delta t} \tag{6.21}$$

后差格式位相误差的情况与欧拉格式的相同，后差格式差分解的相速度比真解小，差分解减速。

对于梯形格式 $\alpha=\frac{1}{2},\beta=\frac{1}{2}$，增幅因子

$$G=\frac{1-\alpha\beta(\omega\Delta t)^2+i\omega\Delta t}{1+\beta^2(\omega\Delta t)^2}=\frac{1-\frac{1}{4}(\omega\Delta t)^2+i\omega\Delta t}{1+\frac{1}{4}(\omega\Delta t)^2} \tag{6.22}$$

$$|G|^2=\left[\frac{1-\frac{1}{4}(\omega\Delta t)^2}{1+\frac{1}{4}(\omega\Delta t)^2}\right]^2+\left[\frac{\omega\Delta t}{1+\frac{1}{4}(\omega\Delta t)^2}\right]^2=1 \tag{6.23}$$

表明梯形格式的差分数值解的振幅不变，属于中性稳定格式。差分解位相误差为

$$\frac{\Delta\theta}{\omega\Delta t}=\frac{\tan^{-1}\left(\frac{\omega\Delta t}{1+(\omega\Delta t)^2}\Big/\frac{1-\frac{1}{4}(\omega\Delta t)^2}{1+(\omega\Delta t)^2}\right)}{\omega\Delta t}$$

$$=\frac{\omega\Delta t-\frac{(\omega\Delta t)^3}{12}+\cdots}{\omega\Delta t}=1-\frac{(\omega\Delta t)^2}{12}+\cdots<1 \tag{6.24}$$

因此，梯形格式差分解的相速比真解小，差分解减速。

6.3.3.2　**二时间层积分格式(迭代格式)**

迭代格式是指要构建一个预测矫正系统，也即方程的右端也包含$(n+1)$个时间层的变量，这个变量利用显式的预测系统来计算出。因此，迭代格式在每个时间层的计算都是分为两步或者三步进行，每一步实际上都是显式的。

(a)欧拉后差格式为

$$\begin{cases}u^{*,n+1}=u^n+\Delta t F^n\\ u^{n+1}=u^n+\Delta t F^{*,n+1}\end{cases},\quad R=O(\Delta t) \tag{6.25}$$

(b)赫恩(Heum)格式为

$$\begin{cases}u^{*,n+1}=u^n+\Delta t F^n\\ u^{n+1}=u^n+\frac{\Delta t}{2}(F^n+F^{*,n+1})\end{cases},\quad R=O(\Delta t^2) \tag{6.26}$$

计算流程为$u^n\rightarrow F^n\rightarrow u^{*,n+1}\rightarrow F^{*,n+1}\rightarrow u^{n+1}$，即在已知$u^n$的条件下，由$F^n=i\omega u^n$计算得到$F^n$，然后由迭代格式中的第一式子得到$u^{*,n+1}$，再由$F^{*,n+1}=i\omega u^{*,n+1}$计算得到$F^{*,n+1}$，最后迭代格式中的第二式就可以算得最终需要的$u^{n+1}$。同样，我们可以获得一个迭代格式的通式

$$\begin{cases}u^{*,n+1}=u^n+\Delta t F^n\\ u^{n+1}=u^n+\Delta t(\alpha F^n+\beta F^{*,n+1})\end{cases} \tag{6.27}$$

式中$\alpha+\beta=1$。当$\alpha=0,\beta=1$时，式(6.27)成为欧拉后差格式；当$\alpha=\beta=\frac{1}{2}$时，式(6.27)成为赫恩格式。下面以振动类方程为例，对式(6.27)进行格式分析。用$F=i\omega u$代入式(6.27)，得

$$\begin{cases}u^{*,n+1}=u^n+i\omega\Delta t u^n\\ u^{n+1}=u^n+i\omega\Delta t(\alpha u^n+\beta u^{*,n+1})\end{cases}, \tag{6.28}$$

将式(6.28)中的两式合并，得

$$\begin{aligned}u^{n+1}&=u^n+i\omega\Delta t(\alpha u^n+\beta u^n+i\omega\beta\Delta t u^n)\\&=[1-\beta\omega^2\Delta t^2+i(\alpha+\beta)\omega\Delta t]u^n\end{aligned} \tag{6.29}$$

则增幅因子可以写为

$$G=1-\beta\omega^2\Delta t^2+i(\alpha+\beta)\omega\Delta t \tag{6.30}$$

接下来分别对欧拉后差格式和赫恩格式进行分析，对于欧拉后差格式($\alpha=0,\beta=1$)

$$G=1-\omega^2\Delta t^2+i\omega\Delta t \tag{6.31}$$

若要使格式稳定,则需使

$$|G|^2=1-\omega^2\Delta t^2+\omega^4\Delta t^4\leqslant 1 \tag{6.32}$$

$$(\omega\Delta t)^2[1-(\omega\Delta t)^2]\geqslant 0 \tag{6.33}$$

$$|\omega\Delta t|\leqslant 1 \tag{6.34}$$

当 $|\omega\Delta t|\leqslant 1$ 时,欧拉后差格式为稳定的。因此,欧拉后差格式为条件稳定格式。根据式(6.15)和式(6.16),欧拉后差格式差分解相对位相误差为

$$\frac{\Delta\theta}{\omega\Delta t}=\frac{\tan^{-1}\left(\dfrac{\omega\Delta t}{1-\omega^2\Delta t^2}\right)}{\omega\Delta t}=\frac{\tan^{-1}\left(\dfrac{\omega\Delta t}{1-\omega^2\Delta t^2}\right)}{\omega\Delta t}=1+\frac{2}{3}(\omega\Delta t)^2+\cdots>1 \tag{6.35}$$

因此,欧拉后差格式差分解的相速度大于解析解的相速度,差分解加速。对于赫恩格式$\left(\alpha=\beta=\dfrac{1}{2}\right)$

$$G=1-\frac{1}{2}(\omega\Delta t)^2+i\omega\Delta t \tag{6.36}$$

$$|G|^2=1-\omega^2\Delta t^2+\frac{1}{4}\omega^4\Delta t^4+\omega^2\Delta t^2=1+\frac{1}{4}\omega^4\Delta t^4>1 \tag{6.37}$$

显然,无论 $\omega\Delta t$ 如何取值,赫恩格式都是不稳定格式。

6.3.4　一维线性平流方程的空间差分格式

6.3.4.1　二时间层格式(非迭代格式)

对于一维线性平流方程$\dfrac{\partial u}{\partial t}+c\dfrac{\partial u}{\partial x}=0$,在空间上采用中央差分格式,可得以下差分格式

(1)欧拉格式(显式)

$$\frac{u_i^{n+1}-u_i^n}{\Delta t}=-c\,\frac{u_{i+1}^n-u_{i-1}^n}{2\Delta x} \tag{6.38}$$

(2)后差格式(隐式)

$$\frac{u_i^{n+1}-u_i^n}{\Delta t}=-c\,\frac{u_{i+1}^{n+1}-u_{i-1}^{n+1}}{2\Delta x} \tag{6.39}$$

(3)梯形格式(隐式)

$$\frac{u_i^{n+1}-u_i^n}{\Delta t}=-\frac{c}{2}\left[\frac{u_{i+1}^n-u_{i-1}^n}{2\Delta x}+\frac{u_{i+1}^{n+1}-u_{i-1}^{n+1}}{2\Delta x}\right] \tag{6.40}$$

为方便地分析它们的稳定性,可归纳成通式

$$\begin{cases}u_i^{n+1}=u_i^n-\dfrac{c\Delta t}{2\Delta x}(u_{i+1}^*-u_{i-1}^*)\\ u_i^*=\alpha u_i^n+\beta u_i^{n+1}\end{cases} \tag{6.41}$$

其中 $\alpha+\beta=1$。当 $\alpha=1,\beta=0$ 时，式(6.41)为欧拉显示格式；当 $\alpha=0,\beta=1$ 时，式(6.41)为后差隐式格式；当 $\alpha=\beta=1/2$ 时，式(6.41)为梯形隐式格式。下面对格式稳定性及误差分析进行分析。首先将式(6.41)改写为

$$u_i^{n+1}=u_i^n-\frac{c\Delta t}{2\Delta x}(\alpha u_{i+1}^n+\beta u_{i+1}^{n+1}-\alpha u_{i-1}^n-\beta u_{i-1}^{n+1}) \tag{6.42}$$

将波动解 $u_i^n=U^n e^{Iki\Delta x}$ 代入式(6.42)，并消去 $U^n e^{Iki\Delta x}$ 得

$$U^{n+1}=U^n-\frac{c\Delta t}{2\Delta x}(\alpha U^n e^{Ik\Delta x}+\beta U^{n+1}e^{Ik\Delta x}-\alpha U^n e^{-Ik\Delta x}-\beta U^{n+1}e^{-Ik\Delta x}) \tag{6.43}$$

进一步应用欧拉公式有

$$U^{n+1}=U^n-\frac{c\Delta t}{2\Delta x}[\alpha U^n 2I\sin k\Delta x+\beta U^{n+1}2I\sin k\Delta x] \tag{6.44}$$

令 $\omega=-c\dfrac{\sin k\Delta x}{\Delta x}$ 表示振动频率，则式(6.44)可以改写为

$$\frac{U^{n+1}}{U^n}=\frac{1+\alpha I\omega\Delta t}{1-\beta I\omega\Delta t} \tag{6.45}$$

对于显式欧拉格式($\alpha=1,\beta=0$)，增幅因子 $G=\dfrac{U^{n+1}}{U^n}=1+I\omega\Delta t$，相应地有 $|G|^2=1+(\omega\Delta t)^2>1$。显然，除了 $\omega=0$，即 $k\Delta x=n\pi$ 以外，显式欧拉格式是不稳定的。对于隐式后差格式($\alpha=0,\beta=1$)，增幅因子 $G=\dfrac{U^{n+1}}{U^n}=\dfrac{1}{1-I\omega\Delta t}$，相应地有 $|G|^2=\dfrac{1}{1+(\omega\Delta t)^2}\leqslant 1$。当 $k\Delta x=n\pi$ 时，$|G|^2=1$。显然，隐式后差格式是绝对稳定。对于隐式梯形格式($\alpha=\beta=1/2$)，增幅因子 $G=\dfrac{U^{n+1}}{U^n}=\dfrac{1+\frac{1}{2}I\omega\Delta t}{1-\frac{1}{2}I\omega\Delta t}$，相应地有 $|G|^2=1$，格式中性稳定。

相对于显式格式，隐式格式的等号右边包含了未知变量，需要对所有网格点联立求解方程组。这使得隐式格式的计算量比显式格式大，将耗费更长的计算时间。不过，由于上述分析的两个隐式格式是绝对稳定的，可以通过适当加大时间步长来缩短计算时间。

6.3.4.2 一维线性平流方程的欧拉后差格式

在时间上采用欧拉格式，空间上采用中央差分格式，可将一维线性平流方程的差分方程写为

$$\begin{cases}\dfrac{u_i^{*,n+1}-u_i^n}{\Delta t}=-c\dfrac{u_{i+1}^n-u_{i-1}^n}{2\Delta x}\\[2ex]\dfrac{u_i^{n+1}-u_i^n}{\Delta t}=-c\dfrac{u_{i+1}^{*,n+1}-u_{i-1}^{*,n+1}}{2\Delta x}\end{cases},\quad R=O(\Delta t,\Delta x^2) \tag{6.46}$$

消去u^*项,得到

$$\frac{u_i^{n+1}-u_i^n}{\Delta t}=-c\,\frac{(u_{i+1}^n-u_{i-1}^n)}{2\Delta x}+c^2\Delta t\,\frac{(u_{i+2}^n-2u_i^n+u_{i-2}^n)}{(2\Delta x)^2} \tag{6.47}$$

式(6.47)比欧拉格式(6.38)式多了菲肯(Fickian)扩散项$c^2\Delta t\,\frac{u_{i+2}^n-2u_i^n+u_{i-2}^n}{(2\Delta x)^2}$。将波动解$u_i^n=A^n e^{Ikx_i}$代入扩散项中,则

$$\begin{aligned}
c^2\Delta t\,\frac{u_{i+2}^n-2u_i^n+u_{i-2}^n}{(2\Delta x)^2}&=c^2\Delta t\,\frac{e^{2Ik\Delta x}-2+e^{-2Ik\Delta x}}{(2\Delta x)^2}u_i^n\\
&=\frac{c^2\Delta t}{(2\Delta x)^2}(\cos 2k\Delta x+I\sin 2k\Delta x-2+\cos 2k\Delta x-I\sin 2k\Delta x)u_i^n\\
&=\frac{c^2\Delta t}{(2\Delta x)^2}(2\cos 2k\Delta x-2)u_i^n\\
&=\frac{c^2\Delta t}{(2\Delta x)^2}(2(1-2\sin^2 k\Delta x)-2)u_i^n\\
&=\Delta t\left(\frac{c}{\Delta x}\sin k\Delta x\right)^2 u_i^n
\end{aligned} \tag{6.48}$$

令$K=\Delta t\left(\frac{c}{\Delta x}\sin k\Delta x\right)^2$,当波速$c$、空间步长$\Delta x$和时间步长$\Delta t$一定时,$K$的大小由波数$k$或波长$L=2\pi/k$决定。当$k\Delta x=\frac{\pi}{2}$时,$K$有最大值。此时波长$L=4\Delta x$,菲肯项的减幅效应最强。当$k\Delta x=\pi$时,$K$有最小值。此时波长$L=2\Delta x$,菲肯项减幅效应为零。显然,格式减幅效应对$4\Delta x$波长分量最强,而对网格最小可分辨率的$2\Delta x$波长分量的减幅效应为0。由于平流方程而言,恰恰是波长为$2\Delta x$的时候误差最大。因此,用欧拉后差格式求解平流方程不是太合适的选择。

6.3.4.3　Lax-Wendroff 格式

一维线性平流方程的拉克斯—温德罗夫格式如下

$$\begin{cases}
u_{i+1/2}^{n+1/2}=\frac{1}{2}(u_{i+1}^n+u_i^n)-\frac{c\Delta t}{\Delta x}(u_{i+1}^n-u_i^n)\\
u_i^{n+1}=u_i^n-\frac{c\Delta t}{\Delta x}(u_{i+1/2}^{n+1/2}-u_{i-1/2}^{n+1/2})
\end{cases} \tag{6.49}$$

其中未知量为$u_{i-1/2}^{n+1/2}$和$u_{i+1/2}^{n+1/2}$,可以用式(6.49)中第一式消去第二式中的这些未知量。将第一式中的i改为$i-1$,可得

$$u_{i-1/2}^{n+1/2}=\frac{1}{2}(u_i^n+u_{i-1}^n)-\frac{c\Delta t}{\Delta x}(u_i^n-u_{i-1}^n) \tag{6.50}$$

则式(6.49)第二式变为

$$\frac{u_i^{n+1}-u_i^n}{\Delta t}=-\frac{c}{2\Delta x}(u_{i+1}^n-u_{i-1}^n)+c^2\Delta t\left[\frac{u_{i+1}^n-2u_i^n+u_{i-1}^n}{(\Delta x)^2}\right] \tag{6.51}$$

该式与式(6.47)非常相似,不同的只是右端末项,当$\Delta t\rightarrow 0$时,等式右端第二项

趋向于$c^2\Delta t\left(\frac{\partial^2 u}{\partial x^2}\right)$。将波动解$u_i^n=A^n e^{Ikx_i}$代入$c^2\Delta t\left[\frac{u_{i+1}^n-2u_i^n+u_{i-1}^n}{(\Delta x)^2}\right]$,得到

$$c^2\Delta t\left[\frac{u_{i+1}^n-2u_i^n+u_{i-1}^n}{(\Delta x)^2}\right]=\frac{c^2\Delta t}{(\Delta x)^2}\left[2\left(1-2\sin\left(\frac{k\Delta x}{2}\right)^2\right)-2\right]u_i^n$$

$$=-4\Delta t\left(\frac{c}{\Delta x}\sin\left(\frac{k\Delta x}{2}\right)\right)^2 u_i^n \tag{6.52}$$

令 $K=4\Delta t\left(\frac{c}{\Delta x}\sin\left(\frac{k\Delta x}{2}\right)\right)^2>0$,该格式对 $L=2\Delta x$ 波长分量减幅效应最强,且减幅效应随波长增大而减小。这正是我们一般选用差分格式时所希望获得的性质。

6.4 实习内容

(1)采用如下初始条件

$$u(x,0)=\sin(\pi x),0\leqslant x\leqslant 1$$

$$c=1.5, x=0.05, dt=0.004$$

空间差分采用中央差格式,用欧拉后差格式积分线性平流方程。其中,速度 u 的初始化过程和 5.4 节相同,时间积分公式采用欧拉后差格式(6.47),循环积分所有格点的速度 u,并求出相应的 u 风动能$\left(\frac{(u_i^n)^2}{2}\right)$。

实验步骤及程序示例

```
for lon_id=3:nlon-2
    u(lon_id,step_id)=u(lon_id,step_id-1)-
        0.5*c*dt/dx *(u(lon_id+1,step_id-1)
        -u(lon_id-1,step_id-1))
        +(0.5*c*dt/dx)^2*(u(lon_id+2,step_i
        d-1)-2*u(lon_id,step_id-1)
        +u(lon_id-2,step_id-1));
        uk(step_id)=uk(step_id)+u(lon_id,step_id)^2/2;
    end
```

根据欧拉后差格式(6.47)积分一维线性平流方程,计算每一个格点上的动能$\left(\frac{(u_i^n)^2}{2}\right)$并累加

```
for lon_id=1:2
    u(lon_id,step_id)=u(lon_id,step_id-1);
    uk(step_id)=uk(step_id)+
      u(lon_id,step_id)^2/2;
    u(nlon-lon_id+1,step_id)=
      u(nlon-lon_id+1,step_id-1);
    uk(step_id)=uk(step_id)+
      u(nlon-lon_id+1,step_id)^2/2;
end
```

采用固定边界条件,对边界点赋值,并计算总动能

程序示例为 time_integration.m 的"case backward"部分。在主程序中调用后差格式积分子程序

```
[u1,uk1]=time_integration(u,c,dx,dt,'backward');
```

(2)分析欧拉后差格式的稳定性

欧拉后差格式(6.47)的差分方程可写为

$$u_i^{n+1}=u_i^n-\beta(u_{i+1}^n-u_{i-1}^n)+\beta^2(u_{i+2}^n-2u_i^n+u_{i-2}^n) \tag{6.53}$$

其中 $\beta=c\dfrac{\Delta t}{2\Delta x}$。应用冯纽曼方法,设差分方程(6.53)式的解为

$$u_i^n=A^n e^{Ikx_i} \tag{6.54}$$

将式(6.54)代入式(6.53)中,可得

$$A^{n+1}=\{1-\beta[e^{Ik(x_{i+1}-x_i)}-e^{-Ik(x_i-x_{i-1})}]+\beta^2[e^{Ik(x_{i+2}-x_i)}-2+e^{-Ik(x_i-x_{i-2})}]\}A^n \tag{6.55}$$

引入 $x_{i+1}=x_i+\Delta x$,Δx 为网格距,则

$$A^{n+1}=(1-\beta e^{Ik\Delta x}+\beta e^{-Ik\Delta x}+\beta^2 e^{2Ik\Delta x}-2\beta^2+\beta^2 e^{-2Ik\Delta x})A^n \tag{6.56}$$

进而可获得增幅因子

$$G=\frac{A^{n+1}}{A^n}=1-2\beta^2-\beta e^{Ik\Delta x}+\beta e^{-Ik\Delta x}+\beta^2 e^{Ik2\Delta x}+\beta^2 e^{-Ik2\Delta x} \tag{6.57}$$

应用欧拉公式易得

$$\begin{aligned}G=&1-2\beta^2-\beta(\cos k\Delta x+I\sin k\Delta x)+\beta(\cos k\Delta x-I\sin k\Delta x)+\\&\beta^2(\cos 2k\Delta x+I\sin 2k\Delta x)+\beta^2(\cos 2k\Delta x-I\sin 2k\Delta x)\end{aligned} \tag{6.58}$$

整理可得

$$G=1-4\beta^2\sin^2 k\Delta x-2I\beta\sin k\Delta x \tag{6.59}$$

则增幅因子模的平方

$$\begin{aligned}|G|^2&=(1-4\beta^2\sin^2 k\Delta x)^2+(-2\beta\sin k\Delta x)^2\\&=1-8\beta^2\sin^2 k\Delta x+16\beta^4\sin^4 k\Delta x+4\beta^2\sin^2 k\Delta x\end{aligned} \tag{6.60}$$

$$|G|^2=1-4\beta^2\sin^2 k\Delta x(1-4\beta^2\sin^2 k\Delta x) \tag{6.61}$$

差分格式稳定需要使 $|G|^2\leqslant 1$,则

$$-4\beta^2\sin^2 k\Delta x(1-4\beta^2\sin^2 k\Delta x)\leqslant 0 \tag{6.62}$$

$$\beta^2\sin^2 k\Delta x(1-4\beta^2\sin^2 k\Delta x)\geqslant 0 \tag{6.63}$$

$$1-4\beta^2\sin^2 k\Delta x\geqslant 0 \tag{6.64}$$

$$\beta^2\sin^2 k\Delta x\leqslant\frac{1}{4} \tag{6.65}$$

当 $\beta^2\leqslant\frac{1}{4}$,即 $|\beta|\leqslant\frac{1}{2}$ 时,差分格式稳定。可见,差分格式稳定性依赖于积分步

长、网格距等参数设置。若选取 $c=1.5$，$\Delta x=0.05$，$\mathrm{d}t=0.004$，此时 $\beta=c\dfrac{\Delta t}{2\Delta x}=0.06<\dfrac{1}{2}$，差分格式稳定；若把积分步长扩大 10 倍，此时 $\beta=0.6>\dfrac{1}{2}$，则差分格式不稳定。根据实际积分结果也可看出，当积分步长 $\mathrm{d}t=0.004$ 时，总动能 $\sum(u_i^n)^2/2$ 平稳波动（图 6.1a）；当积分步长扩大 10 倍以后，总动能 $\sum(u_i^n)^2/2$ 在积分 30 次之后迅速增大，计算溢出（图 6.1b）。

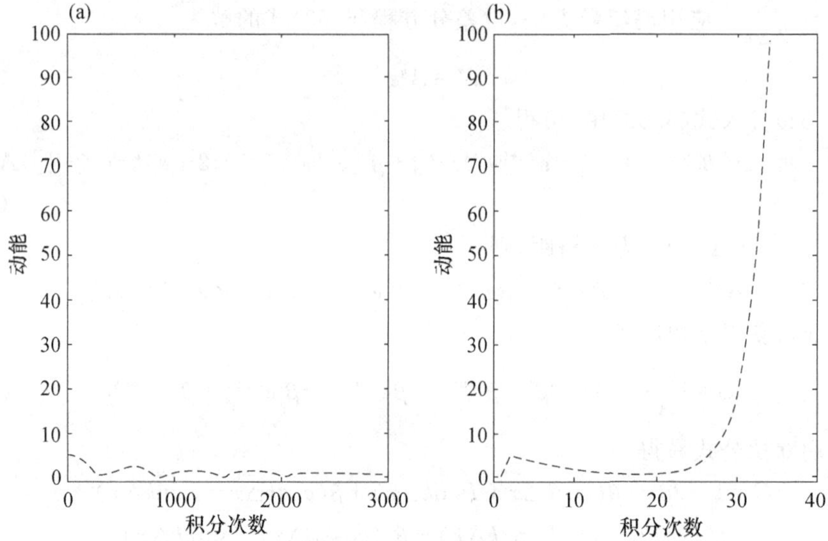

图 6.1　动能随积分步数的变化

实验步骤及程序示例

程序	说明

`dt=0.004;`
`[u1,uk1]=time_integration(u,c,dx,dt,'backward');`
`dt=0.04;`
`[u2,uk2]=time_integration(u,c,dx,dt,'backward');`
	采用不同的积分步长积分欧拉后差格式(6.47)

`subplot(1,2,1)`
`plot(1:ntime,uk1,'--k','linewidth',1.5);`
`ylim([-1 200])`
`xlabel('积分步数')`
`ylabel('动能')`
`text(-1,105,'(a)','Fontsize',12)`
	打开第一子图，绘制积分步长为 0.004 时动能 $\left(\frac{(u_i^n)^2}{2}\right)$ 的时间演变图，设置图题、y 轴的上下限和坐标轴名称

续表

subplot(1,2,2)	打开第二子图，绘制积分步长为 0.04 时动能 $\left(\frac{(u_i^n)^2}{2}\right)$ 的时间演变图，进行相应的图形设置
plot(1:ntime,uk2,'——k','linewidth',1.5);	
ylim([－1 100])	
xlabel('积分次数')	
ylabel('动能')	
text(－1,105,'(b)','Fontsize',12)	

习题

（1）分析一维线性平流方程的稳定性，时间层采用后差格式，空间层分别采用中央差分和前差格式。

（2）试编程实现用 Lax-Wendroff 差分格式积分一维线性平流方程。

实习7　一维线性平流方程三时间层积分方案

7.1　实习目的

通过编程实现用时间中央差分格式积分一维线性平流方程，使学生掌握时间中央差分格式的计算方法及时间中央差分格式的计算稳定性分析方法。

7.2　实习要求

编写运行一维线性平流方程时间中央差格式的 MATLAB 程序。通过理论推导和绘制数值解时间演变图，分析一维线性平流方程时间中央差格式的稳定性。撰写实习报告，分析程序流程和积分结果。要求学生在机房现场操作，实习教师随堂讲解和指导。

7.3　相关知识回顾

一维线性平流方程$\frac{\partial u}{\partial t}+c\frac{\partial u}{\partial x}=0$的空间导数用中央差分代替，则

$$\frac{\partial u_i}{\partial t}=-c\frac{u_{i+1}^n-u_{i-1}^n}{2\Delta x} \tag{7.1}$$

设波动解为

$$u_i(t)=u(t)e^{Iki\Delta x}, I=\sqrt{-1} \tag{7.2}$$

并代入式(7.1)

$$e^{Iki\Delta x}\frac{\mathrm{d}u(t)}{\mathrm{d}t}=-c\frac{e^{Ik(i+1)\Delta x}-e^{Ik(i-1)\Delta x}}{2\Delta x}u(t) \tag{7.3a}$$

$$\frac{\mathrm{d}u(t)}{\mathrm{d}t}=-c\frac{e^{Ik\Delta x}-e^{-Ik\Delta x}}{2\Delta x}u(t) \tag{7.3b}$$

$$\frac{\mathrm{d}u(t)}{\mathrm{d}t}=-Ic\frac{\sin k\Delta x}{\Delta x}u(t) \tag{7.3c}$$

式(7.3)为振动方程，令$\omega=-c\frac{\sin k\Delta x}{\Delta x}$表示振动频率，式(7.3)就转变为振动方程的一般形式$\frac{\mathrm{d}u(t)}{\mathrm{d}t}=I\omega u$，相应的真解为

$$u(n\Delta t)=u(0)e^{I\omega n\Delta t} \tag{7.4}$$

若式(7.1)的时间导数也用中央差分格式代替，则有

$$\frac{u_i^{n+1}-u_i^{n-1}}{2\Delta t}=I\omega u_i^n \tag{7.5}$$

可见，时间积分格式涉及 $n-1$、n 和 $n+1$ 三个时间层的变量值，属于三时间层积分格式。

7.3.1　三时间层积分格式

三时间层积分格式包括中央差分格式(跳背格式)和 Adams-Bashforth 格式。其中，中央差分格式为

$$u^{n+1}=u^{n-1}+2\Delta t F^n, R=O(\Delta t^2) \tag{7.6}$$

Adams-Bashforth 格式为 $u^{n+1}=u^n+\Delta t F^{n+\frac{1}{2}}$。$F^{n+\frac{1}{2}}$ 未知，于是对其进行泰勒级数展开

$$F^{n+\frac{1}{2}}=F^n+\frac{\Delta t}{2}F'^n+\frac{1}{2!}\left(\frac{\Delta t}{2}\right)^2 F''^n+\cdots \tag{7.7}$$

$$F^{n-1}=F^n-\Delta t F'^n+\frac{1}{2!}(\Delta t)^2 F''^n+\cdots \tag{7.8}$$

式(7.8)除以 2 再加式(7.7)，可得

$$F^{n+\frac{1}{2}}=\frac{3}{2}F^n-\frac{1}{2}F^{n-1}+O(\Delta t^2) \tag{7.9}$$

则 Adams-Bashforth 格式改写为

$$u^{n+1}=u^n+\Delta t\left(\frac{3}{2}F^n-\frac{1}{2}F^{n-1}\right), R=O(\Delta t^2) \tag{7.10}$$

因此，对于三时间层积分格式，不仅需要一个具有物理意义的初值 u^0，而且还需要一个用于满足计算要求的初值 u^1。u^0 称为物理初值，u^1 称为计算初值。下面以平流方程为例，分析采用三层差分格式时，计算解的产生及其特点。将振动方程函数 $F=i\omega u$ 代入时间中央差分格式(7.6)，得

$$u^{n+1}=u^{n-1}+2i\omega\Delta t u^n \tag{7.11}$$

改写式(7.11)有

$$\frac{u^{n+1}}{u^n}=\frac{u^{n-1}}{u^n}+2i\omega\Delta t \tag{7.12}$$

根据增幅因子的定义 $G=\frac{u^{n+1}}{u^n}=\frac{u^n}{u^{n-1}}$，式(7.12)可改写为

$$G=\frac{1}{G}+2i\omega\Delta t \tag{7.13a}$$

$$G^2=1+2i\omega\Delta t G \tag{7.13b}$$

$$G^2-2i\omega\Delta tG-1=0 \tag{7.13c}$$

式(7.13c)可解出两个根，分别是

$$\begin{cases}G_1=\sqrt{1-(\omega\Delta t)^2}+i\omega\Delta t\\ G_2=-\sqrt{1-(\omega\Delta t)^2}+i\omega\Delta t\end{cases} \tag{7.14}$$

由相应真解 $u(n\Delta t)=u(0)e^{i\omega n\Delta t}$ 可以看出，真解的增幅因子为 $G=1$。由于 $\lim\limits_{\Delta t\to 0}G_1=1$，$\lim\limits_{\Delta t\to 0}G_2=-1$，因此，与 G_1 联系的是物理波型，而与 G_2 是在计算过程中产生的虚假波型，称为计算波型。根据增幅因子定义，可将这两种解表示为

$$\begin{cases}u_1^n=G_1^1u_1^{n-1}=G_1^2u_1^{n-2}=\cdots=G_1^nu_1^0\\ u_2^n=G_2^1u_2^{n-1}=G_2^2u_2^{n-2}=\cdots=G_2^nu_2^0\end{cases} \tag{7.15}$$

则计算所得的数值为

$$u^n=a\,u_1^n+b\,u_2^n=aG_1^nu_1^0+bG_2^nu_2^0 \tag{7.16}$$

式中 a 和 b 均为常数，则有

$$u^0=a\,u_1^0+b\,u_2^0 \tag{7.17}$$

$$u^1=aG_1^1u_1^0+bG_2^1u_2^0 \tag{7.18}$$

根据式(7.17)和式(7.18)可分别求出 u_1^0 和 u_2^0 的表达式

$$\begin{cases}G_1^1u^0=aG_1^1u_1^0+bG_1^1u_2^0 & ①\\ G_2^1u^0=aG_2^1u_1^0+bG_2^1u_2^0 & ②\\ u^1=aG_1^1u_1^0+bG_2^1u_2^0 & ③\end{cases} \tag{7.19}$$

用式(7.19)中的③－①，可得

$$u_2^0=-\frac{u^1-G_1^1u^0}{b(G_1^1-G_2^1)} \tag{7.20}$$

用式(7.19)中的③－②，可得

$$u_1^0=\frac{u^1-G_2^1u^0}{a(G_1^1-G_2^1)} \tag{7.21}$$

把式(7.20)和式(7.21)代入式(7.16)，可得

$$u^n=\frac{1}{G_1^1-G_2^1}\left[G_1^n(u^1-G_2^1u^0)-G_2^n(u^1-G_1^1u^0)\right] \tag{7.22}$$

若选择 u^1 恰好等于 $G_1^1u^0$，则 $u^n=G_1^nu^0$，此时数值解仅由物理波型组成；反之，若选择 u^1 恰好等于 $G_2^1u^0$，则 $u^n=G_2^nu^0$，此时数值解将仅由计算波型组成。但实际问题远比这里所列出的振动类方程复杂得多，难以计算出 G_1 和 G_2 的准确值，加之计算过程还有舍入误差的积累。因此，要永远消除计算波型对数值解的歪曲是不可能的，只有在计算过程中采取必要的技术措施适当控制计算波对解的干扰。

这里仅以分析格式的稳定性为目的，给出增幅因子 G_1 和 G_2 都不大于“1”的条件。根据式(7.14)，对 $|\omega\Delta t|$ 分三种情况进行讨论：

(a) $|\omega\Delta t|<1$

根据式(7.14)可计算相应增幅因子的模值为

$$\begin{cases}|G_1|=\sqrt{1-(\omega\Delta t)^2+(\omega\Delta t)^2}=1\\|G_2|=\sqrt{1-(\omega\Delta t)^2+(\omega\Delta t)^2}=1\end{cases}\tag{7.23}$$

其相应的位相角可表示为

$$\begin{cases}\Delta\theta_1=\tan^{-1}\dfrac{\omega\Delta t}{\sqrt{1-(\omega\Delta t)^2}}\\\Delta\theta_2=\tan^{-1}\dfrac{\omega\Delta t}{-\sqrt{1-(\omega\Delta t)^2}}\end{cases}\tag{7.24}$$

显然，数值解的振幅在整个时域上未发生改变，但位相角发生了改变。因此，对于真解 $u(n\Delta t)=u(0)e^{I\omega n\Delta t}$，相应的物理解和计算解可以写为

$$u_1^n=u_1^0e^{In\Delta\theta_1}\tag{7.25}$$

$$u_2^n=u_2^0e^{In(\pm\pi-\Delta\theta_1)}=(-1)^nu_2^0[\cos(n\,\Delta\theta_1)-I\sin(n\,\Delta\theta_1)]\tag{7.26}$$

$$u^n=a\,u_1^0e^{In\Delta\theta_1}+b\,u_2^0e^{In(\pm\pi-\Delta\theta_1)}\tag{7.27}$$

式(7.27)说明，中央差分格式 u^n 的解为两个波的叠加，第一个波与真解性质相近，称为物理解，第二个波是由于采用中央差格式而产生的虚假的解型，称其为计算解。图 7.1 给出了某个格点计算解随时间的变化，其中给定 $\theta_1=\pi/8$。

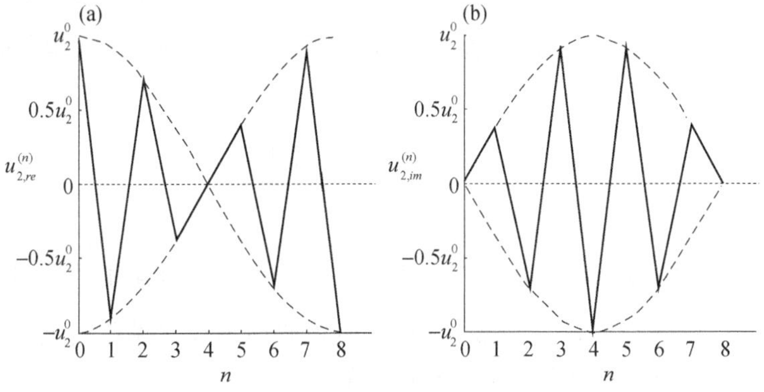

图 7.1　中央差分方格式计算波形

从图 7.1 可以看出，计算解每时步都改变符号，单独分析奇数步和偶数步是光滑变化的，但相邻两步有很大跳动，解在奇数步与偶数步出现分离现象。对式(7.24)中的 $\Delta\theta_1$ 进行泰勒级数展开，有

$$\Delta\theta_1=\tan^{-1}\frac{\omega\Delta t}{\sqrt{1-(\omega\Delta t)^2}}=\omega\Delta t+\frac{(\omega\Delta t)^3}{6}+\cdots\tag{7.28}$$

位相误差为$\frac{\Delta\theta_1}{\omega\Delta t}=1+\frac{1}{6}(\omega\Delta t)^2>1$。物理波型的相速度比真解大，与物理波型有关的数值解加速。

(b) $|\omega\Delta t|=1$

根据式(7.14)计算获得相应增幅因子的值为

$$\begin{cases}G_1=G_2=I=e^{I\frac{\pi}{2}},\omega\Delta t=1\\G_1=G_2=-I=e^{-I\frac{\pi}{2}},\omega\Delta t=-1\end{cases}\tag{7.29}$$

则有$|G_1|=|G_2|=1$，$\Delta\theta_1=\Delta\theta_2=\pm\frac{\pi}{2}$，格式是中性稳定的，且有

$$u_1^n=u_2^n=u^0e^{\pm In\frac{\pi}{2}}\tag{7.30}$$

(c) $|\omega\Delta t|>1$

根据式(7.14)计算获得相应增幅因子的值为

$$\begin{cases}G_1=I\left[\omega\Delta t+\sqrt{(\omega\Delta t)^2-1}\right]\\G_2=I\left[\omega\Delta t-\sqrt{(\omega\Delta t)^2-1}\right]\end{cases}\tag{7.31}$$

$$\begin{cases}|G_1|^2=\left[\omega\Delta t+\sqrt{(\omega\Delta t)^2-1}\right]^2=2(\omega\Delta t)^2+2\omega\Delta t\sqrt{(\omega\Delta t)^2-1}-1\\|G_2|^2=\left[\omega\Delta t-\sqrt{(\omega\Delta t)^2-1}\right]^2=2(\omega\Delta t)^2-2\omega\Delta t\sqrt{(\omega\Delta t)^2-1}-1\end{cases}\tag{7.32}$$

当$\omega\Delta t>1$时，$|G_1|>1$；当$\omega\Delta t<-1$时，$|G_2|>1$。这时中央差分格式总是不稳定的。由于相对位相误差$\Delta\theta_1=\Delta\theta_2=\tan^{-1}\frac{G_{IM}}{G_{RE}}=\tan^{-1}\infty=\pm\frac{\pi}{2}$，相应的物理解和计算解可以写为

$$u_1^n=\left[\omega\Delta t+\sqrt{(\omega\Delta t)^2-1}\right]^n u_1^0e^{\pm In\frac{\pi}{2}}\tag{7.33}$$

$$u_2^n=\left[\omega\Delta t-\sqrt{(\omega\Delta t)^2-1}\right]^n u_2^0e^{\pm In\frac{\pi}{2}}\tag{7.34}$$

可见，两种波型每一时步都转动$\frac{\pi}{2}$或$-\frac{\pi}{2}$，其中有一个波型不断增幅。由于$\omega\Delta t=\pi/2\rightarrow\omega=\pi/2\Delta t\rightarrow T=2\pi/\omega=4\Delta t$。因此，两种波型不稳定振荡周期是$4\Delta t$。上述分析表明，中央差分格式稳定需要满足的条件是$|\omega\Delta t|\leqslant1$。

7.3.2 一维线性平流方程中央差分格式的稳定性

将一维线性平流方程时间和空间上都取中央差

$$\frac{u_i^{n+1}-u_i^{n-1}}{2\Delta t}=-c\frac{u_{i+1}^n-u_{i-1}^n}{2\Delta x}\tag{7.35}$$

则容易获得其增幅因子为

$$\begin{cases} G_1=\sqrt{1-\left(c\dfrac{\Delta t}{\Delta x}\sin k\Delta x\right)^2}-Ic\dfrac{\Delta t}{\Delta x}\sin k\Delta x \\ G_2=-\sqrt{1-\left(c\dfrac{\Delta t}{\Delta x}\sin k\Delta x\right)^2}-Ic\dfrac{\Delta t}{\Delta x}\sin k\Delta x \end{cases} \tag{7.36}$$

(a)当 $1-\left(c\dfrac{\Delta t}{\Delta x}\sin k\Delta x\right)^2>0$ 时，G_1 和 G_2 为两个复根，且 $|G_1|=|G_2|=1$，表明差分解是中性稳定的。稳定的必要条件是

$$1-\left(c\frac{\Delta t}{\Delta x}\sin k\Delta x\right)^2>0 \tag{7.37}$$

$$\left|c\frac{\Delta t}{\Delta x}\sin k\Delta x\right|<1 \tag{7.38}$$

$$-1<c\frac{\Delta t}{\Delta x}<1 \tag{7.39}$$

(b)当 $1-\left(c\dfrac{\Delta t}{\Delta x}\sin k\Delta x\right)^2=0$ 时，$G_1=G_2=-Ic\dfrac{\Delta t}{\Delta x}\sin k\Delta x=\pm I$ 为两个相等的虚根。根据式(7.15)和式(7.22)可知

$$u^n=\frac{1}{G_1^1-G_2^1}\left[G_1^n(u^1-G_2^1u^0)-G_2^n(u^1-G_1^1u^0)\right]=\frac{0}{0} \tag{7.40}$$

由于式(7.40)出现了 $\dfrac{0}{0}$ 型，不便于分析 u^n 的稳定性。为了获得 u^n 的稳定性，需要回避 $u^n=\dfrac{0}{0}$ 这种形式。因此，将式(7.40)改写为

$$u^n=\frac{1}{G_1^1-G_2^1}\left[u^1(G_1^n-G_2^n)-u^0(G_1^{n-1}-G_2^{n-1})G_1^1G_2^1\right] \tag{7.41}$$

式(7.41)可以进一步改写为

$$\begin{aligned} u^n=\frac{1}{G_1^1-G_2^1}[&u^1(G_1^1-G_2^1)(G_1^{n-1}+G_1^{n-2}G_2^1+\cdots+G_2^{n-1})- \\ &u^0(G_1^1-G_2^1)(G_1^{n-2}+G_1^{n-3}G_2^1+\cdots+G_2^{n-2})G_1^1G_2^1] \end{aligned} \tag{7.42}$$

$$u^n=u^1(G_1^{n-1}+G_1^{n-2}G_2^1+\cdots+G_2^{n-1})-u^0(G_1^{n-2}+G_1^{n-3}G_2^1+\cdots+G_2^{n-2})G_1^1G_2^1 \tag{7.43}$$

代入 $G_1=G_2=\pm I$，

$$u^n=n(\pm I)^{n-1}u^1-(n-1)(\pm I)^n u^0 \tag{7.44}$$

$$|u^n|=\sqrt{(nu^1)^2+[(n-1)u^0]^2} \tag{7.45}$$

可见，数值解 u^n 的模值将随着时间步数 n 的增加而增大，差分解不稳定。

(c)当 $1-\left(c\dfrac{\Delta t}{\Delta x}\sin k\Delta x\right)^2<0$ 时，G_1 和 G_2 为两个不等的虚根

$$\begin{cases} G_1 = -I\left(c\dfrac{\Delta t}{\Delta x}\sin k\Delta x - \sqrt{\left(c\dfrac{\Delta t}{\Delta x}\sin k\Delta x\right)^2 - 1}\right) \\ G_2 = -I\left(c\dfrac{\Delta t}{\Delta x}\sin k\Delta x + \sqrt{\left(c\dfrac{\Delta t}{\Delta x}\sin k\Delta x\right)^2 - 1}\right) \end{cases} \tag{7.46}$$

由于$\left(c\dfrac{\Delta t}{\Delta x}\sin k\Delta x\right)^2>1$，总有$|G_2|>1$。这种情况下，差分解是不稳定。综合上述分析，一维线性平流方程时间和空间上都取中央差的稳定性条件为$\left|c\dfrac{\Delta t}{\Delta x}\sin k\Delta x\right|<1$或$\left|c\dfrac{\Delta t}{\Delta x}\right|<1$，当$k\Delta x=\dfrac{\pi}{2}$时，$\left|c\dfrac{\sin k\Delta x}{\Delta x}\Delta t\right|$有最大值，该差分格式对$4\Delta x$波长分量的稳定性最差。

7.3.3 一维线性平流方程中央差分格式的计算波和误差

设差分格式(7.35)的波动解为$u_i^n=u^n e^{Iki\Delta x}$，令$\sin\theta=c\dfrac{\Delta t}{\Delta x}\sin k\Delta x$，根据式(7.36)可得

$$\begin{cases} G_1=\cos\theta-I\sin\theta=e^{-I\theta} \\ G_2=-\cos\theta-I\sin\theta=e^{I(\pm\pi+\theta)} \end{cases} \tag{7.47}$$

一维线性平流方程中央差分格式数值解的通解可写为

$$u_i^n=(a\,u_1^0 e^{-In\theta}+b\,u_2^0 e^{In(\pm\pi+\theta)})e^{Iki\Delta x} \tag{7.48}$$

式中a和b为两个常数。进一步取$M=a\,u_1^0$和$E=b\,u_2^0$，分别表示物理解与计算解的振幅，则有

$$u_i^n=(Me^{-In\theta}+Ee^{In(\pm\pi+\theta)})e^{Iki\Delta x} \tag{7.49}$$

通过与空间上离散化后的真解$u(i\Delta x,n\Delta t)=u(0)e^{Ik(i\Delta x-cn\Delta t)}$比较，初始时刻的数值解为

$$u_i^0=(M+E)e^{Iki\Delta x}=u(0)e^{Iki\Delta x} \tag{7.50}$$

即存在以下关系

$$M=u(0)-E \tag{7.51}$$

于是，一维线性平流方程中央差分格式的通解可写为

$$u_i^n=(u(0)-E)e^{Ik\left(i\Delta x-\frac{n\theta}{k}\right)}+(-1)^n E\,e^{Ik\left(i\Delta x+\frac{n\theta}{k}\right)} \tag{7.52}$$

对比真解的离散形式，可以获得数值解中物理解与计算解的相速度

$$i\Delta x-\frac{n\theta}{k}=(i\Delta x-c_1 n\Delta t)\rightarrow c_1=\frac{\theta}{k\Delta t} \tag{7.53}$$

$$i\Delta x+\frac{n\theta}{k}=(i\Delta x-c_2 n\Delta t)\rightarrow c_2=-\frac{\theta}{k\Delta t} \tag{7.54}$$

可见，与微分方程的解析解只含有一个波不同，一维线性平流方程中央差分方程的解包含了两个波。两个波出现的原因是采用了中央差分格式导致的，差分解和

解析解的特点总结如表 7.1 所示。

表 7.1　中央差分格式差分解和解析解的比较

	差分解		解析解
	第一波	第二波	
振幅	$U(0)-E$	E	$U(0)$
相速度	$\frac{\theta}{k\Delta t}$	$-\frac{\theta}{k\Delta t}$	
位相变化	无	$\pm\pi$	

差分解两个波的振幅都是常数，但以相等的速率向相反方向移动。根据前面分析对 θ 的定义 $\theta=\sin^{-1}\left(c\frac{\Delta t}{\Delta x}\sin k\Delta x\right)$，若 $c\frac{\Delta t}{\Delta x}=1$，则 $\theta=k\Delta x$，$\Delta t=\frac{\Delta x}{c}$，则有

$$c_1=\frac{\theta}{k\Delta t}=\frac{k\Delta x}{k\frac{\Delta x}{c}}=c \tag{7.55}$$

即差分解第一波的移动速度和解析解移速相同。且由 θ 的表达式容易证明，当 Δx 和 Δt 趋于零时，$c_1=\frac{\theta}{k\Delta t}\to c$，因此认为第一波是“物理波”，第二波是“计算波”。一般来讲，物理解的振幅和速度与真解的振幅和速度是不同的，而且还有虚假的“计算解”存在。

在中央差分格式中，初始时刻u_i^{n-1}的值未知，通常起步是用向前差分，即：$u_i^1=u_i^0-\frac{c\Delta t}{2\Delta x}(u_{i+1}^0-u_{i-1}^0)$。初始时刻波动解为$u_i^0=u(0)e^{Iki\Delta x}$，则 u 在第一时刻任意网格点 $i\Delta x$ 上的值为

$$\begin{aligned}
u_i^1&=u(0)e^{Iki\Delta x}-\frac{c\Delta t}{2\Delta x}(u(0)e^{Ik(i+1)\Delta x}-u(0)e^{Ik(i-1)\Delta x})\\
&=u(0)e^{Iki\Delta x}\left[1-\frac{c\Delta t}{2\Delta x}(e^{Ik\Delta x}-e^{-Ik\Delta x})\right]\\
&=u(0)e^{Iki\Delta x}\left[1-I\frac{c\Delta t}{\Delta x}\sin k\Delta x\right]\\
&=u(0)e^{Iki\Delta x}(1-I\sin\theta)
\end{aligned} \tag{7.56}$$

此后，时间差分仍用中央差进行计算。为了把两种计算连接起来，上式u_i^1的值应该与式(7.52)中 $n=1$ 时的结果一致，即

$$u(0)e^{Iki\Delta x}(1-I\sin\theta)=(u(0)-E)e^{Ik\left(i\Delta x-\frac{\theta}{k}\right)}-Ee^{Ik\left(i\Delta x+\frac{\theta}{k}\right)} \tag{7.57}$$

等号两边同除以 $u(0)e^{Iki\Delta x}$，得

$$1-I\sin\theta=\left(1-\frac{E}{u(0)}\right)e^{-I\theta}-\frac{E}{u(0)}e^{I\theta}=e^{-I\theta}-\frac{E}{u(0)}(e^{-I\theta}+e^{I\theta})=\cos\theta-I\sin\theta-\frac{E}{u(0)}2\cos\theta \tag{7.58}$$

进而可以获得 $E=\frac{u(0)(\cos\theta-1)}{2\cos\theta}$，$M=u(0)-E=u(0)\frac{\cos\theta+1}{2\cos\theta}$。将 E 和 M 代入中央差分通解式(7.52)，可得

$$\begin{aligned}u_i^n&=u(0)\frac{\cos\theta+1}{2\cos\theta}e^{Ik\left(i\Delta x-\frac{n\theta}{k}\right)}-(-1)^n u(0)\frac{1-\cos\theta}{2\cos\theta}e^{Ik\left(i\Delta x+\frac{n\theta}{k}\right)}\\&=u(0)\frac{\cos\theta+1}{2\cos\theta}e^{Ik\left(i\Delta x-\frac{n\theta}{k}\right)}+(-1)^{n+1}u(0)\frac{1-\cos\theta}{2\cos\theta}e^{Ik\left(i\Delta x+\frac{n\theta}{k}\right)}\end{aligned}\tag{7.59}$$

当 $\theta\to 0$ 时，物理解的振幅 M 趋于解析解的振幅，计算解的振幅 E 趋于 0。由式 $\theta=\sin^{-1}\left(c\frac{\Delta t}{\Delta x}\sin k\Delta x\right)$，对于给定的 $c\frac{\Delta t}{\Delta x}$，$\theta$ 随着 $k\Delta x=\frac{2\pi}{L}\Delta x$ 的减小而减小。因此，当扰动波长 L 远大于网格 Δx 时，物理解的振幅就接近于解析解的振幅，而计算解的振幅又变得很小。例如，给定 $\Delta x=\frac{L}{10}$ 和 $c\frac{\Delta t}{\Delta x}=0.75$，物理解的振幅为 $1.06u(0)$，而计算解的振幅仅为 $0.06u(0)$。而当 $\frac{\Delta x}{L}$ 比较大时，例如，$\frac{\Delta x}{L}=0.5$，$\theta=\pi$，则物理解振幅为 0，而计算解振幅为 $u(0)$。这样的结果显然是需要我们避免的。表 7.2 给出了扰动波长与网格距的多个比值。

表 7.2 中央差分格式的误差

$\frac{L}{\Delta x}$	计算解振幅/物理解振幅 $\frac{1-\cos\theta}{1+\cos\theta}$
2	∞
3	7.35
4	0.2
6	0.14
8	0.08
12	0.04
13	0.01

由此可见，波长越短，计算解影响越明显，所以除了对动力方程进行必要的滤波处理外，提高网格分辨能力也可以有效减小计算解带来的影响。此外，差分近似也使得波移动速度减慢，且波长越短，误差越大(表 7.2)。实际计算是在有限网格下进行的，不可能任意缩小步长(计算量过大等原因)，因此一定程度的误差是不可避免的。

7.3.4 中央差分格式的时间截断误差(频率误差)

以惯性振荡为例，它反映了旋转地球上均匀气压场中(忽略气压梯度力)的大气水平振荡。其描述方程组如下

$$\begin{cases}\dfrac{\mathrm{d}u}{\mathrm{d}t}-fv=0\\[2ex]\dfrac{\mathrm{d}v}{\mathrm{d}t}+fu=0\end{cases}\tag{7.60}$$

利用复数变量进行代换，令 $W=u+Iv$，则原方程组可以转化为一般的振荡类问题

$$\frac{\mathrm{d}W}{\mathrm{d}t}=-IfW=F=-I\omega\tag{7.61}$$

其解析解为 $W=W_0e^{-I\omega t}$，其中 $\omega=f$ 为惯性振荡频率。

下面通过数值方法求式(7.61)的数值解，并与 $\omega=f$ 比较，来说明中央差分格式所引起的频率误差。中央差格式的方程形如$W^{n+1}-W^{n-1}=-2If\Delta t\, W^n$。设其数值解为$W^n=W_0e^{-\omega_e n\Delta t I}$，$\omega_e$为数值解振荡频率或差分解振荡频率，将数值解代入差分方程可得

$$W_0e^{-I\omega_e(n+1)\Delta t}-W_0e^{-I\omega_e(n-1)\Delta t}=-2If\Delta t\, W_0e^{-I\omega_e n\Delta t}\tag{7.62}$$

$$e^{-I\omega_e\Delta t}-e^{I\omega_e\Delta t}=-2If\Delta t\tag{7.63}$$

$$\cos(\omega_e\Delta t)-I\sin(\omega_e\Delta t)-\cos(\omega_e\Delta t)-I\sin(\omega_e\Delta t)=-2If\Delta t\tag{7.64}$$

$$\sin(\omega_e\Delta t)=f\Delta t\tag{7.65}$$

$$\omega_e=\frac{1}{\Delta t}\sin^{-1}f\Delta t\tag{7.66}$$

结果表明，在利用时间差商代替时间微商的过程中会出现振荡频率误差。当 Δt 很小时，ω_e与 ω 很接近。随着 Δt 的增加，ω_e逐渐偏离 ω，其频率明显增加，且当 $f\Delta t>1$ 时，$\sin^{-1}f\Delta t$ 无实数解，差分格式不稳定。

7.3.5 中央差分格式的空间截断误差(波数误差)

对于某要素场，假设其可以表示为形如 $u=e^{Ikt}$ 的波动，则

$$\frac{\partial u}{\partial x}=Ik\,e^{Ikt}\tag{7.67}$$

其中 k 称为微分解的波数。此时，定义 u 的空间坐标 x 为 $x=m\Delta x$，则对上式用中央差格式对微分方程进行离散化，获得如下差分方程

$$\begin{aligned}\frac{u_{m+1}-u_{m-1}}{2\Delta x}&=\frac{1}{2\Delta x}\left[e^{Ik(m+1)\Delta x}-e^{Ik(m-1)\Delta x}\right]\\&=\frac{1}{2\Delta x}\left[e^{Ik\Delta x}-e^{-Ik\Delta x}\right]e^{Ikm\Delta x}\\&=\frac{1}{2\Delta x}2I\sin(k\Delta x)e^{Ikm\Delta x}\\&=I\,\frac{\sin(k\Delta x)}{\Delta x}e^{Ikm\Delta x}\end{aligned}\tag{7.68}$$

对比式(7.67)和式(7.68)可知,差分解与解析解存在一定的差异。将差分方程中波数记为$K=\frac{\sin(k\Delta x)}{\Delta x}$,$K$称为差分解的波数;同时,为了反映空间差商代替微商时引起的波数误差,定义

$$R=\frac{K}{k}=\frac{\sin(k\Delta x)}{k\Delta x} \tag{7.69}$$

R表示差分格式波数的误差。可以看出,R与波数k有关。当$k\to 0$时,$k\Delta x\to 0$,$R=\lim\limits_{k\to 0}\frac{\sin(k\Delta x)}{k\Delta x}=\lim\limits_{k\to 0}\frac{\Delta x\cos k\Delta x}{\Delta x}=1$,即差分解的波数和实际波数一致。进一步对$R$进行泰勒展开

$$R=\frac{\sin(k\Delta x)}{k\Delta x}=\frac{k\Delta x-\frac{(k\Delta x)^3}{3!}}{k\Delta x}+\cdots=1-\frac{(k\Delta x)^2}{6}+\cdots \tag{7.70}$$

代入$k=\frac{2\pi}{L}$,得

$$R=1-\frac{\left(\frac{2\pi}{L}\Delta x\right)^2}{6}+\cdots=1-\frac{2\pi^2\Delta x^2}{3L^2}+\cdots \tag{7.71}$$

波长L越大,R越接近1。因此,中央差分近似式中,数值解的误差随波数k的减小而减小。对于波长较短的波,波数误差较大;而对于波长较长的波,则差分方程可以比较精确的表示其空间微商,波数误差很小,精度较高。

为了提高差分近似的精确度,减小波数误差,可以构造高阶差分格式。例如应用一阶偏微商的四阶精度的差分格式

$$\left(\frac{\partial u}{\partial x}\right)_i=\frac{1}{2\Delta x}\left[\frac{4}{3}(u_{i+1}-u_{i-1})-\frac{1}{6}(u_{i+2}-u_{i-2})\right] \tag{7.72}$$

$$\left(\frac{\partial u}{\partial x}\right)_i=\frac{1}{2\Delta x}\left[\frac{4}{3}(e^{Ik(i+1)\Delta x}-e^{Ik(i-1)\Delta x})-\frac{1}{6}(e^{Ik(i+2)\Delta x}-e^{Ik(i-2)\Delta x})\right] \tag{7.73}$$

$$\begin{aligned}\left(\frac{\partial u}{\partial x}\right)_i&=\frac{e^{Iki\Delta x}}{2\Delta x}\left[\frac{4}{3}(2I\sin(k\Delta x))-\frac{1}{6}(2I\sin(2k\Delta x))\right]\\&=\frac{I}{6\Delta x}[8\sin(k\Delta x)-\sin(2k\Delta x)]e^{Iki\Delta x}\end{aligned} \tag{7.74}$$

相应地,

$$R=\frac{1}{6k\Delta x}[8\sin(k\Delta x)-\sin(2k\Delta x)] \tag{7.75}$$

$$R=\frac{1}{6k\Delta x}\left[8k\Delta x-\frac{8}{6}(k\Delta x)^3-2k\Delta x+\frac{8}{6}(k\Delta x)^3+\cdots\right]$$

$$R=1+O((k\Delta x)^4) \tag{7.76}$$

可见,对于任何波长,四阶差分格式的波长误差精度均比二阶差分格式高。因

此，在实际工作中，缩小格距或采用较高阶的差分格式均能提高计算的精确度。

7.3.6　相速度和群速度误差

中央差分格式在空间上会产生波数误差，而在时间上会产生频率误差，这将导致差分格式出现相速度和群速度误差。对于一维平流方程$\frac{\partial u}{\partial t}+c\frac{\partial u}{\partial x}=0$，设其波动解为$u(x,t)=U(t)e^{Ikx}$，代入平流方程可得

$$\frac{\mathrm{d}U}{\mathrm{d}t}=-IkcU=-I\omega U \tag{7.77}$$

其中相速度为c，振动频率为$\omega=kc$。根据群速度定义

$$c_g=\frac{\mathrm{d}\omega}{\mathrm{d}k}=\frac{\mathrm{d}(kc)}{\mathrm{d}k}=c \tag{7.78}$$

显然，对于一维线性平流方程，$c_g=c$为常数，不存在频散。为了方便，这里只分析空间差分格式引起的误差，对一维线性平流方程取空间中央差分格式：

$$\frac{\mathrm{d}u_i}{\mathrm{d}t}+c\frac{u_{i+1}-u_{i-1}}{2\Delta x}=0 \tag{7.79}$$

同样，将数值解设为波动形式$u_i(t)=U(t)e^{Iki\Delta x}$代入方程(7.79)，可得

$$\frac{\mathrm{d}U}{\mathrm{d}t}=-Ik\left(c\frac{\sin k\Delta x}{k\Delta x}\right)U \tag{7.80}$$

对比式(7.77)可知差分解的相速度$c^*=c\frac{\sin k\Delta x}{k\Delta x}$，空间差分造成相速度$c^*$是波数$k$的函数，引起了频散，称为计算频散。

差分解的群速度为

$$c_g^*=\frac{\mathrm{d}(kc^*)}{\mathrm{d}k}=\frac{\mathrm{d}\left(c\frac{\sin k\Delta x}{\Delta x}\right)}{\mathrm{d}k}=\frac{c}{\Delta x}\frac{\mathrm{d}(\sin k\Delta x)}{\mathrm{d}k}=c\cos k\Delta x \tag{7.81}$$

对比(7.78)可知空间差分格式也造成了群速度误差。差分格式在波的移动和能量传播方面均可造成误差。其中，相速度误差减慢了平流过程；群速度误差造成虚假的计算频散，且对短波尤为明显。当$k\Delta x\to 0$时，相速度和群速度的误差较小。因此，波长越长，波数k越小，误差也越小；波长减小，其误差也就更为严重(图 7.2)。此外，还可提高网格分辨率，通过减小Δx来提高相速度准确率。

应用一阶偏微商的四阶精度差分格式，可将一维线性平流方程写为空间四阶精度中心差分格式

$$\frac{\partial u_i}{\partial t}+c\left(\frac{4}{3}\frac{u_{i+1}-u_{i-1}}{2\Delta x}-\frac{1}{3}\frac{u_{i+2}-u_{i-2}}{4\Delta x}\right)=0 \tag{7.82}$$

设波动形式解$u_i=U(t)e^{Iki\Delta x}$，代入式(7.82)可得

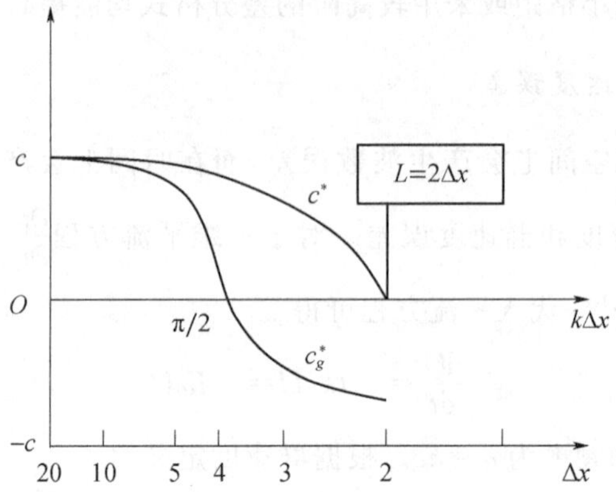

图 7.2 差分-微分方程的相速度和群速度

$$\frac{\mathrm{d}U}{\mathrm{d}t}+c\left[\frac{4}{3}\left(\frac{e^{Ik\Delta x}-e^{-Ik\Delta x}}{2\Delta x}\right)-\frac{1}{3}\left(\frac{e^{2Ik\Delta x}-e^{-2Ik\Delta x}}{4\Delta x}\right)\right]U=0$$

$$\frac{\mathrm{d}U}{\mathrm{d}t}+c\left(\frac{4}{3}I\,\frac{\sin k\Delta x}{\Delta x}-\frac{1}{3}I\,\frac{\sin 2k\Delta x}{2\Delta x}\right)U=0$$

令相速度$c^{**}=c\left(\frac{4}{3}I\,\frac{\sin k\Delta x}{\Delta x}-\frac{1}{3}I\,\frac{\sin 2k\Delta x}{2\Delta x}\right)/Ik=c\left[1-\frac{4}{5!}(k\Delta x)^4+\cdots\right]$,对比二阶精度空间差分的相速度$c^*=c\,\frac{\sin k\Delta x}{\Delta x}=c\left[1-\frac{1}{3!}(k\Delta x)^2+\cdots\right]$,可知,四阶差分相速仍是波数的函数;减速作用明显减小但仍存在;精度有明显改进。

通过上述分析,可以得到以下关于中央差分格式主要性质:

(1)三层时间积分格式存在计算解问题:计算解对差分解的影响依赖于网格分辨率和波长。

(2)时间格式引起的频率误差:显示格式使其频率明显增加,振动加快;隐式格式使其频率明显减小,振动减慢。

(3)空间差分格式引起波数误差:高阶差分格式所引起的波数误差要比低阶格式小;波长较短的波,误差尤为严重。

(4)空间差分格式引起计算频散:尤其对于短波,相速度和群速度均会产生很大的误差。通常可采用提高网格分辨率的方法减小各种误差。

7.4 实习内容

(1)采用如下初始条件,用中央差分格式积分一维线性平流方程

$$u(x,0)=\sin(\pi x),0\leqslant x\leqslant 1$$

$$c=1.5,\mathrm{d}x=0.05,\mathrm{d}t=0.004$$

一维线性平流方程的中央差分格式可写为$u_i^{n+1}=u_i^{n-1}-c\dfrac{u_{i+1}^n-u_{i-1}^n}{\Delta x}\Delta t$，由于涉及前两个时间点的速度值 u，因此，第一步先用欧拉前差求出u_i^n，之后再用中央差分格式计算u_i^{n+1}。

实验步骤及程序示例

1	`step_id=2;`	
2	`for lon_id=2:nlon-1`	
3	`u(lon_id,step_id)=u(lon_id,step_id-1)-0.5*c*dt/dx*( u(lon_id+1,step_id-1)-u(lon_id-1,step_id-1));`	为得到计算中央差分所需的前两个时次的结果，首先采用欧拉前差格式积分一次，并计算每一个格点的动能。
4	`uk(step_id)=uk(step_id)+u(lon_id,step_id)^2/2;`	
5	`end`	
6	`u(nlon,step_id)=u(nlon,step_id-1);`	
7	`u(1,step_id)=u(1,step_id-1);`	采用固定边界条件，对边界点赋值并计算相应的动能
8	`uk(step_id)=uk(step_id)+u(nlon,step_id)^2/2+u(1,step_id)^2/2;`	
9	`for step_id=3:ntime`	
10	`for lon_id=2:nlon-1`	
11	`u(lon_id,step_id)=u(lon_id,step_id-2)-c*dt/dx*( u(lon_id+1,step_id-1)-u(lon_id-1,step_id-1));`	
12	`uk(step_id)=uk(step_id)+`	根据中央差分格式积分线性平流方程，计算每一个格点的动能
13	`u(lon_id,step_id)^2/2;`	
14	`end`	
15	`u(nlon,step_id)=u(nlon,step_id-1);`	
16	`u(1,step_id)=u(1,step_id-1);`	
17	`uk(step_id)=uk(step_id)+u(nlon,step_id)^2/2+u(1,step_id)^2/2;`	
18	`end`	

程序示例为 time_integration.m 的“case central”部分。在主程序中调用中央差格式积分子程序

```
[u1,uk1]=time_integration(u,c,dx,dt,'central');
```

(2)分析差分格式的稳定性

根据第 7.3.2 节的分析结果，一维线性平流方程中央差分格式的稳定性条件为

$\left|c\dfrac{\Delta t}{\Delta x}\right|<1$。若选取 $c=1.5$，$\Delta x=0.05$，$dt=0.004$，$\left|c\dfrac{\Delta t}{\Delta x}\right|=0.12<1$，差分格式稳定。根据实际积分结果也可看出，在整个积分过程中总动能 $\sum(u_i^n)^2/2$ 平稳波动，数值计算结果稳定(图 7.3)。

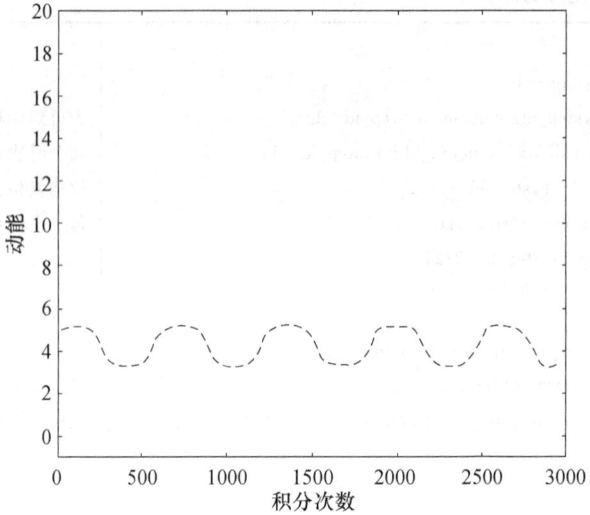

图 7.3　纬向总动能随积分次数的变化

习题

(1)改变一维线性平流方程的初始条件为如下的周期边界条件，并对其数值解稳定性进行分析

$$u(x,0)=\sin(\pi x)+1.5,0\leqslant x\leqslant 1$$
$$c=2.5,dx=0.05,dt=0.004$$

(2)采用周期性边界条件 $u(t,0)=u(t,1)$，对一维非线性平流方程 $\dfrac{\partial u}{\partial t}+u\dfrac{\partial u}{\partial x}=0$ 进行积分。非线性平流方程可写为 $\dfrac{\partial u}{\partial t}+\dfrac{1}{2}\dfrac{\partial u^2}{\partial x}=0$，可采用以下两种差分格式

$$u_i^{n+1}=u_i^{n-1}-\frac{\Delta t}{4\Delta x}\left[(u_{i+1}^n+u_i^n)^2-(u_i^n+u_{i-1}^n)^2\right]$$

$$u_i^{n+1}=u_i^{n-1}-\frac{\Delta t}{6\Delta x}(\overline{u}_{i+1}+\overline{u}_i+\overline{u}_{i-1})(\overline{u}_{i+1}-\overline{u}_{i-1})$$

其中 $\overline{u}_i=\dfrac{u_i^{n+1}+u_i^n}{2}$。为满足线性稳定性条件，选取 $\Delta x=0.1$，$\Delta t=0.004$。相关内容可参考《大气数值模式及模拟》(王澄海等，2011)第 3.5 节。

实习8　空间平滑

8.1　实习目的

通过编程实现空间平滑，使学生掌握边界和区域内网格点空间平滑的基本原理及计算方法。

8.2　实习要求

编写运行空间平滑的MATLAB程序，撰写实习报告，分析程序流程和空间平滑结果。要求学生在机房现场操作，实习教师随堂讲解和指导。

8.3　相关知识回顾

在数值天气预报过程中，非线性计算不稳定经常产生波长为2～4倍格距的短波扰动。为了滤除短波扰动，有效地抑制非线性计算不稳定，通常采用空间平滑的措施。

8.3.1　一维平滑

8.3.1.1　三点平滑及其响应函数

对于任意一个离散变量$F_i=F(x_i)$，$x_i=i\Delta x$，$i=0,\pm1,\pm2,\cdots$，可定义一维平滑算子

$$\widetilde{F}_i^x=F_i+\frac{S}{2}(F_{i+1}-2F_i+F_{i-1}) \tag{8.1}$$

式中S为空间平滑系数。由于平滑公式(8.1)仅涉及了三个网格点上的F值，因此称为三点平滑公式。式(8.1)还可以改写为

$$\widetilde{F}_i^x=(1-S)F_i+\frac{S}{2}(F_{i+1}+F_{i-1}) \tag{8.2}$$

下面对三点平滑公式的性能进行分析。首先，将要素F_i表示为谐波的形式：

$$F_i=C+\hat{F}\cos(kx_i+\alpha) \tag{8.3}$$

其中C为常数，$\hat{F}$、k、α分别为谐波的振幅、波数和位相。将式(8.3)代入空间平滑公式(8.2)，可得

$$\widetilde{F}_i^x=(1-S)[C+\hat{F}\cos(kx_i+\alpha)]+\frac{S}{2}[2C+\hat{F}\cos(kx_i+\alpha+k\Delta x)+\hat{F}\cos(kx_i+\alpha-k\Delta x)] \tag{8.4}$$

应用三角函数公式 $\cos(\alpha)+\cos(\beta)=2\cos[(\alpha+\beta)/2]\cos[(\alpha-\beta)/2]$，可得

$$\widetilde{F}_i^x=C+\hat{F}[1-S(1-\cos(k\Delta x))]\cos(kx_i+\alpha) \tag{8.5}$$

比较式(8.3)和式(8.5)可知，三点平滑只改变的原来谐波的振幅，而波数和位相均未发生变化。三点平滑响应函数定义为

$$R_3=\frac{\text{三点平滑后振幅}}{\text{原振幅}} \tag{8.6}$$

应用式(8.6)可以衡量经过平滑后各波长振幅的消长程度。容易计算获得

$$R_3(S,L)=\frac{(1-S(1-\cos(k\Delta x)))\hat{F}}{\hat{F}}=1-2S\sin^2\frac{\pi\Delta x}{L} \tag{8.7}$$

式中 L 表示波数 k 对应的波长。若 $|R|>1$，平滑后振幅增长，反之若 $|R|<1$，平滑后振幅衰减。当 R 出现负值，表示平滑后的位相相对于原谐波的位相产生了 180°的变化。这是我们滤波过程中所不希望出现的，会增大数值解中的位相误差。选择适当的平滑系数可以使得平滑运算具有良好的滤波性能。例如，当 $S=\pm1/2$ 时，三点平滑响应函数分别为

$$R_3\left(\frac{1}{2},L\right)=\cos^2\left(\frac{\pi\Delta x}{L}\right)\leqslant1 \tag{8.8a}$$

$$R_3\left(-\frac{1}{2},L\right)=1+\sin^2\frac{\pi\Delta x}{L}\geqslant1 \tag{8.8b}$$

从式(8.8a)可以看出，当 $S=1/2$ 时，对于波长 $L=2\Delta x$ 的波将被完全滤除；对 $L>2\Delta x$ 的波则有不同程度的衰减；当 $L\to\infty$时，$R\to1$，平滑后波长的振幅不受影响(图 8.1)。

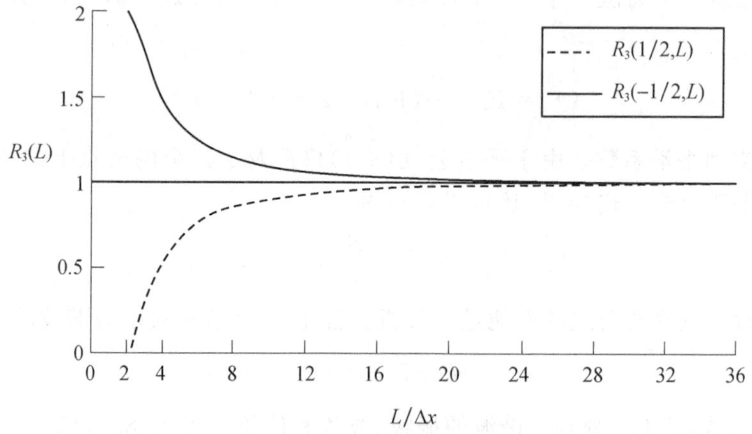

图 8.1　三点平滑的响应函数R_3随波长的变化

8.3.1.2 多重平滑

在数值天气预报过程中，一般对某一要素场需要进行多次平滑。若根据式(8.5)和式(8.7)，对某一要素进行一次三点平滑后

$$\widetilde{F}_i^x = C + \hat{F}[1 - S(1 - \cos(k\Delta x))]\cos(k x_i + \alpha)$$
$$= C + \hat{F}\left[1 - 2S\sin^2\frac{\pi\Delta x}{L}\right]\cos(k x_i + \alpha) \tag{8.9}$$

令 $\hat{F}\left[1 - 2S\sin^2\frac{\pi\Delta x}{L}\right] = \hat{\hat{F}}$，则原一次平滑式(8.9)变为

$$\widetilde{F}_i^x = C + \hat{\hat{F}}\cos(k x_i + \alpha) \tag{8.10}$$

继续再做一次三点平滑，相当于把式(8.2)中的F_i替换为$\widetilde{F}_i^x$，相应地式(8.9)中$\widetilde{F}_i^x$替换为$\widetilde{F}_i^{xx}$，$\hat{F}$替换为$\hat{\hat{F}}$，易得

$$\widetilde{F}_i^{xx} = C + \hat{\hat{F}}\left[1 - 2S\sin^2\frac{\pi\Delta x}{L}\right]\cos(k x_i + \alpha) \tag{8.11}$$

由于$\hat{\hat{F}} = \hat{F}\left[1 - 2S\sin^2\frac{\pi\Delta x}{L}\right]$，(8.11)式可写为

$$\widetilde{F}_i^{xx} = C + \hat{F}\left[1 - 2S\sin^2\frac{\pi\Delta x}{L}\right]^2\cos(k x_i + \alpha) \tag{8.12}$$

以此类推，经过 M 次平滑后，得

$$\widetilde{F}_i^{xM} = C + \hat{F}\left[1 - 2S\sin^2\frac{\pi\Delta x}{L}\right]^M\cos(k x_i + \alpha) \tag{8.13}$$

此时，经过 M 次平滑后的响应函数为

$$R_3^M(S, L) = \left[1 - 2S\sin^2\frac{\pi\Delta x}{L}\right]^M \tag{8.14}$$

仍然以波长为 $10\Delta x$ 的波为例，取 $S=1/2$，如果采用 5 次三点平滑运算，即 $M=5$，其响应函数的值为

$$R_3^M\left(\frac{1}{2}, 10\Delta x\right) = \cos^{10}\left(\frac{\pi\Delta x}{10\Delta x}\right) \approx 0.6054$$

可见，多次平滑对波长较长的波的衰减也是相当严重的。那么，如何才能尽可能保证要素场波动基本特征的前提下，使得波长较长的波衰减尽可能小。根据式(8.7)、式(8.8a)和式(8.8b)，对 $S=1/2$ 时衰减的波，取 $S=-1/2$ 时振幅会增长(图 8.1)。因此，可以设计出一种“正逆平滑”运算，选取大小相等符号相反的两个平滑系数对要素场连续两次进行平滑，就可以达到既过滤短波，又使得长波衰减很小的效果。设平滑系数 $S_1=1/2$，$S_2=-1/2$，应用式(8.14)可将正逆平滑响应函数写为

$$R_3^2(L) = R\left(\frac{1}{2}, L\right)\Delta R\left(-\frac{1}{2}, L\right) = 1 - \sin^4\frac{\pi\Delta x}{L} \leqslant 1 \tag{8.15}$$

式(8.15)表明，经过这种正逆平滑运算后，波长为 $2\Delta x$ 的波动仍然可以被过滤掉，但弱化了对波长较长的波振幅的衰减(图 8.2)。例如，同样对波长为 $10\Delta x$ 的波，如果采用 5 次正逆平滑运算，其响应函数的值为 0.978，与三点平滑响应函数的值 0.905 相比，平滑运算对波动的衰减非常弱。

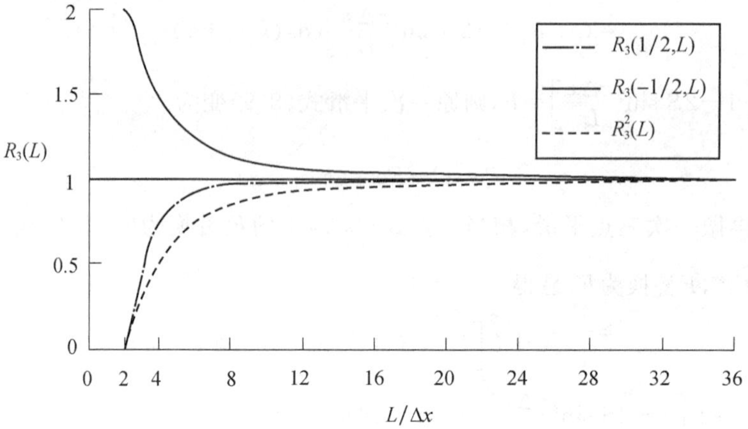

图 8.2 三点平滑的响应函数 R_3 随波长的变化，其中 R_3^2 代表正逆平滑响应函数

8.3.2 二维平滑

8.3.2.1 五点平滑

数值天气预报通常是在二维及以上的空间中进行，因此需要将平滑运算首先推广到二维空间中。对于一个二维变量 $F_{i,j}$，通常采用五点平滑进行处理。五点平滑可以理解为对二维变量 $F_{i,j}$ 同时在 x 和 y 两个方向上进行三点平滑。把式(8.1)应用到 x 和 y 方向上，得

$$\widetilde{F}_{i,j}^{x}=F_{i,j}+\frac{S}{2}(F_{i+1,j}-2F_{i,j}+F_{i-1,j}) \tag{8.16}$$

$$\widetilde{F}_{i,j}^{y}=F_{i,j}+\frac{S}{2}(F_{i,j+1}-2F_{i,j}+F_{i,j-1}) \tag{8.17}$$

式(8.16)与式(8.17)相加后取平均可得五点平滑公式

$$\widetilde{F}_{i,j}^{x,y}=F_{i,j}+\frac{S}{4}(F_{i+1,j}+F_{i,j+1}+F_{i-1,j}+F_{i,j-1}-4F_{i,j}) \tag{8.18}$$

为了获得五点平滑对应的响应函数，类似于三点平滑响应函数的计算过程，设有如下波动解

$$F_{i,j}=\widehat{F}e^{I(kx_i+ly_j)} \tag{8.19}$$

将式(8.19)代入式(8.18)，可得

$$\widetilde{F}_{i,j}^{x,y}=\hat{F}e^{I(kx_i+ly_j)}+\frac{S}{4}(e^{Ik\Delta x}+e^{Ik\Delta y}+e^{-Ik\Delta x}+e^{-Ik\Delta y}-4)\hat{F}e^{I(kx_i+ly_j)} \quad (8.20a)$$

$$\widetilde{F}_{i,j}^{x,y}=\hat{F}e^{I(kx_i+ly_j)}+\frac{S}{4}[2\cos(k\Delta x)+2\cos(k\Delta y)-4]\hat{F}e^{I(kx_i+ly_j)} \quad (8.20b)$$

$$\widetilde{F}_{i,j}^{x,y}=\hat{F}\left[1-S\left(\sin^2\left(\frac{k\Delta x}{2}\right)+\sin^2\left(\frac{k\Delta y}{2}\right)\right)\right]e^{I(kx_i+ly_j)} \quad (8.20c)$$

根据响应函数的定义式(8.6),可得五点平滑公式的响应函数为

$$R_5(S,k,l)=1-S\left(\sin^2\left(\frac{k\Delta x}{2}\right)+\sin^2\left(\frac{k\Delta y}{2}\right)\right) \quad (8.21)$$

8.3.2.2　九点平滑

九点平滑公式可以理解为对二维变量$F_{i,j}$依次在 x 和 y 两个方向上进行三点平滑。通过应用一维三点平滑公式(8.1),先进行 x 方向的平滑

$$\widetilde{F}_{i,j}^{x}=F_{i,j}+\frac{S}{2}(F_{i+1,j}-2F_{i,j}+F_{i-1,j}) \quad (8.22a)$$

$$\widetilde{F}_{i,j+1}^{x}=F_{i,j+1}+\frac{S}{2}(F_{i+1,j+1}-2F_{i,j+1}+F_{i-1,j+1}) \quad (8.22b)$$

$$\widetilde{F}_{i,j-1}^{x}=F_{i,j-1}+\frac{S}{2}(F_{i+1,j-1}-2F_{i,j-1}+F_{i-1,j-1}) \quad (8.22c)$$

然后,再对$\widetilde{F}_{i,j}^{x}$在 y 方向进行平滑

$$\widetilde{F}_{i,j}^{xy}=(1-S)\widetilde{F}_{i,j}^{x}+\frac{S}{2}(\widetilde{F}_{i,j+1}^{x}+\widetilde{F}_{i,j-1}^{x}) \quad (8.23)$$

将式(8.22a)、式(8.22b)和式(8.22c)代入式(8.23)

$$\begin{aligned}\widetilde{F}_{i,j}^{xy}=&(1-S)\left[F_{i,j}+\frac{S}{2}(F_{i+1,j}-2F_{i,j}+F_{i-1,j})\right]+\\&\frac{S}{2}\left[F_{i,j+1}+\frac{S}{2}(F_{i+1,j+1}-2F_{i,j+1}+F_{i-1,j+1})+F_{i,j-1}+\right.\\&\left.\frac{S}{2}(F_{i+1,j-1}-2F_{i,j-1}+F_{i-1,j-1})\right]\end{aligned} \quad (8.24)$$

展开式(8.24)并整理,得

$$\begin{aligned}\widetilde{F}_{i,j}^{xy}=&\frac{S}{2}\left[\frac{S}{2}(F_{i+1,j+1}-2F_{i,j+1}+F_{i-1,j+1}+F_{i+1,j-1}-2F_{i,j-1}+F_{i-1,j-1})+\right.\\&\left.F_{i,j+1}+F_{i,j-1}\right]+\frac{S(1-S)}{2}(F_{i+1,j}-2F_{i,j}+F_{i-1,j})+(1-S)F_{i,j}\end{aligned} \quad (8.25)$$

$$\begin{aligned}\widetilde{F}_{i,j}^{xy}=&F_{i,j}-SF_{i,j}+\frac{S(1-S)}{2}(F_{i+1,j}-2F_{i,j}+F_{i-1,j})+\frac{S}{2}(F_{i,j+1}+F_{i,j-1})\\&+\frac{S^2}{4}(F_{i+1,j+1}-2F_{i,j+1}+F_{i-1,j+1}+F_{i+1,j-1}-2F_{i,j-1}+F_{i-1,j-1})\end{aligned} \quad (8.26)$$

$$\widetilde{F}^{xy}_{i,j}=F_{i,j}+\frac{S}{2}(F_{i,j+1}+F_{i,j-1}-2F_{i,j})+\frac{S(1-S)}{2}(F_{i+1,j}-2F_{i,j}+F_{i-1,j})+\frac{S^2}{4}(F_{i+1,j+1}-2F_{i,j+1}+F_{i-1,j+1}+F_{i+1,j-1}-2F_{i,j-1}+F_{i-1,j-1}) \quad (8.27)$$

$$\widetilde{F}^{xy}_{i,j}=F_{i,j}+\frac{S}{2}[F_{i,j+1}+F_{i,j-1}-2F_{i,j}+(1-S)(F_{i+1,j}-2F_{i,j}+F_{i-1,j})]+\frac{S^2}{4}(F_{i+1,j+1}-2F_{i,j+1}+F_{i-1,j+1}+F_{i+1,j-1}-2F_{i,j-1}+F_{i-1,j-1}) \quad (8.28)$$

$$\widetilde{F}^{xy}_{i,j}=F_{i,j}+\frac{S}{2}[F_{i,j+1}+F_{i,j-1}-2F_{i,j}+F_{i+1,j}-2F_{i,j}+F_{i-1,j}-S(F_{i+1,j}-2F_{i,j}+F_{i-1,j})]+\frac{S^2}{4}(F_{i+1,j+1}-2F_{i,j+1}+F_{i-1,j+1}+F_{i+1,j-1}-2F_{i,j-1}+F_{i-1,j-1}) \quad (8.29)$$

$$\widetilde{F}^{xy}_{i,j}=F_{i,j}+\frac{S}{2}[F_{i+1,j}+F_{i-1,j}+F_{i,j+1}+F_{i,j-1}-4F_{i,j}-S(F_{i+1,j}-2F_{i,j}+F_{i-1,j})]+\frac{S^2}{4}(F_{i+1,j+1}-2F_{i,j+1}+F_{i-1,j+1}+F_{i+1,j-1}-2F_{i,j-1}+F_{i-1,j-1}) \quad (8.30)$$

$$\widetilde{F}^{xy}_{i,j}=F_{i,j}+\frac{S}{2}[(1-S)(F_{i+1,j}+F_{i-1,j}+F_{i,j+1}+F_{i,j-1}-4F_{i,j})-S(2F_{i,j}-F_{i,j+1}-F_{i,j-1})]+\frac{S^2}{4}(F_{i+1,j+1}-2F_{i,j+1}+F_{i-1,j+1}+F_{i+1,j-1}-2F_{i,j-1}+F_{i-1,j-1}) \quad (8.31)$$

$$\widetilde{F}^{xy}_{i,j}=F_{i,j}+\frac{S(1-S)}{2}(F_{i+1,j}+F_{i-1,j}+F_{i,j+1}+F_{i,j-1}-4F_{i,j})-\frac{S^2}{2}(2F_{i,j}-F_{i,j+1}-F_{i,j-1})+\frac{S^2}{4}(F_{i+1,j+1}-2F_{i,j+1}+F_{i-1,j+1}+F_{i+1,j-1}-2F_{i,j-1}+F_{i-1,j-1}) \quad (8.32)$$

整理式(8.32)即可得到九点平滑公式

$$\widetilde{F}^{xy}_{i,j}=F_{i,j}+\frac{S}{2}(1-S)(F_{i+1,j}+F_{i,j+1}+F_{i-1,j}+F_{i,j-1}-4F_{i,j})+\frac{S^2}{4}(F_{i+1,j+1}+F_{i-1,j+1}+F_{i-1,j-1}+F_{i+1,j-1}-4F_{i,j}) \quad (8.33)$$

九点平滑公式还可写为

$$\widetilde{F}^{xy}_{i,j}=F_{i,j}+\frac{p}{4}(F_{i+1,j}+F_{i,j+1}+F_{i-1,j}+F_{i,j-1}-4F_{i,j})+\frac{q}{4}(F_{i+1,j+1}+F_{i-1,j+1}+F_{i-1,j-1}+F_{i+1,j-1}-4F_{i,j}) \quad (8.34)$$

式中 p 和 q 是相应部分的平滑系数。图 8.3 中粗实线连接了平滑系数 p 对应的所有格点，粗虚线连接了平滑系数 q 对应的所有格点。通常设 $p=0.5$，当 $q=-0.25$ 时为轻度平滑，当 $q=0.25$ 为重度平滑，而当 $q=0$ 时退化为五点平滑。

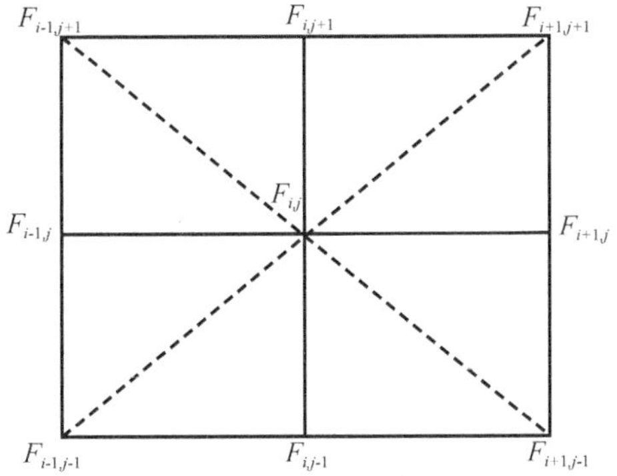

图 8.3　九点平滑格点示意图

类似于五点平滑，将波动解式(8.19)代入式(8.23)，可获得九点平滑的响应函数

$$R_9(S,k,l)=\left(1-2S\sin^2\left(\frac{k\Delta x}{2}\right)\right)\left(1-2S\sin^2\left(\frac{l\Delta y}{2}\right)\right) \tag{8.35}$$

令 $k=l$，$\Delta x=\Delta y$，$S=1/2$，计算五点平滑和九点平滑响应函数的差值 $R_9(S,k,l)-R_5(S,k,l)$，则容易比较五点平滑和九点平滑的平滑性质，如下

$$R_9(S,k,l)-R_5(S,k,l)=\left(1-2S\sin^2\left(\frac{k\Delta x}{2}\right)\right)^2-\left(1-2S\sin^2\left(\frac{k\Delta x}{2}\right)\right) \tag{8.36a}$$

$$\begin{aligned}R_9(S,k,l)-R_5(S,k,l)&=\sin^2\left(\frac{k\Delta x}{2}\right)\left(\sin^2\left(\frac{k\Delta x}{2}\right)-1\right)\\&=-\frac{1}{4}\sin^2(k\Delta x)\\&=-\frac{1}{4}\sin^2\left(\frac{2\pi\Delta x}{L}\right)\end{aligned} \tag{8.36b}$$

当 $L=2\Delta x$ 时，$R(S,k,l)_9-R(S,k,l)_5=0$，五点平滑和九点平滑的平滑效应相同。当 $L>2\Delta x$ 时，$R(S,k,l)_9-R(S,k,l)_5<0$，九点平滑的平滑效应大于五点平滑，并且随波长增大。即对于长波的衰减，九点平滑要比五点平滑强得多。因此，一般采用五点平滑公式进行平滑。

8.4　实习内容

(1)编写九点平滑子程序，输入需要平滑的要素场、平滑系数、经纬向格点数，输出平滑结果。

实验步骤及程序示例

function w=ssnp(a,s,m,n)	定义九点平滑子程序(*ssnp*)，输入待平滑的气象要素场(*a*)、平滑系数(*s*)、经向格点数(*m*)、纬向格点数(*n*)，输出平滑后的要素场

m1=m-1;
n1=n-1;
w=a;
	定义计算常数和工作数组

for i=2:m1
    for j=2:n1
        w(i,j)=a(i,j)+0.5*s*(1.0-s)
          *(a(i-1,j)+a(i+1,j)
          +a(i,j-1)+a(i,j+1)-4.0*a(i,j))
          +0.25*s*s*(a(i-1,j-1)
          +a(i-1,j+1)+a(i+1,j-1)
          + a(i+1,j+1)-4.0*a(i,j));
	应用九点平滑公式(8.33)对边界内的格点进行平滑

end end return	

示例程序为 ssnp.m。

(2)编写五点平滑子程序，输入需要平滑的要素场、平滑系数、经纬向格点数以及做正平滑或正逆平滑的指示变量，输出平滑结果。

实验步骤及程序示例

function [a]=ssip(a,s,m,n,l)	定义五点平滑子程序(*ssip*)，输入待平滑的气象要素场(*a*)、平滑系数(*s*)、经向格点数(*m*)、纬向格点数(*n*)，正平滑或正逆平滑的判断值(*l*)，输出平滑后的要素场

m1=m-1;
n1=n-1;
w=zeros(size(a));
	定义计算常数和工作数组

续表

if(l==0)
    for i=2:m1
        for j=2:n1
            w(i,j)=a(i,j)+s*(a(i-1,j)
                +a(i+1,j)+a(i,j-1)
                +a(i,j+1)-4.0*a(i,j))/4.0;
        end
    end
    a(2:m1,2:n1)=w(2:m1,2:n1);
end
	当 l 取 1 时，做正平滑，根据五点平滑公式(8.18)编写代码，对边界内的格点进行平滑

if(l==2)
    for i=2:m1
        for j=2:n1
            w(i,j)=a(i,j)-s*(a(i-1,j)
              +a(i+1,j)+a(i,j-1)
              +a(i,j+1)-4.0*a(i,j))/4.0;
        end
    end
    a(2:m1,2:n1)=w(2:m1,2:n1);
end
return
	当 l 取值为 2 时，对边界内格点值进行逆平滑

示例程序为 ssip.m。

(3)采用兰勃特投影方式，对欧洲中心 ERA5 再分析资料 1979 年 1 月 10 日 00 时的 500 hPa 重力位势高度场进行九点空间平滑。

实验步骤及程序示例

m=41;
n=17;
d=300000.0;
clat=45.0;
clon=120.0;
s=0.5;
	定义经向格点数(m)、纬向格点数(n)、地图投影中央经度($clon$)和中央纬度($clat$)、平滑系数(s)

7	z500= ncread('era5_geopotential_19790109_ 19790111_00.nc','z');	读入待平滑的气象要素场(*z*500)及其经纬度范围(*lon*、*lat*)
8	zb=z500(:,:,2)/9.8;	
9	lon= ncread('era5_geopotential_19790109_ 19790111_00.nc','longitude');	
10	lat= ncread('era5_geopotential_19790109_ 19790111_00.nc','latitude');	
11	[rm,f,lmda_degree,phai_degree]=cmf(d,clat,clon,m,n);	调用子程序(*cmf*)计算放大系数(*rm*)和科里奥利参数(*f*)，以及相应的经度(*lmda_degree*)和纬度(*phai_degree*)
12	zb=interp_proj_grid_z(zb,lmda_degree,phai_degree,m,n,lon, lat);	调用子程序(interp_proj_grid_z)把重力位势高度场插值到投影区域各格点上
13	zb_ori=zb;	保存原始数据副本(*zb_ori*)，对数据进行九点平滑保存为(*zb*)
14	zb=ssnp(zb,s,m,n);	
15	subplot(2,1,1)	绘图比较平滑效果。打开第一子图，设置地图投影方式和经纬度范围
16	m_proj('lambert','lon',[min(min(lmda_degree)),max(max(lmda _degree))],'lat',[min(min(phai_degree)),max(max(phai_ degree))]);	
17	[c,h]=m_contour(lmda_degree,phai_degree, zb_ori,5000:150:5750,'-k');	绘制原始数据空间分布，设置等值线标度、线型、字体等
18	clabel(c,h,'LabelSpacing',1000,'fontsize',11)	
19	m_coast('linewidth',1,'color',[123,123,123]/255);	设置海岸线和经纬度网格字体大小，标注子图的图题
20	m_grid('fontsize',12)	
21	text(-1,1.,'(a)','fontsize',16);	
22	subplot(2,1,2)	以同样的方式在第二子图中绘制平滑以后的数据
23	m_proj('lambert','lon',[min(min(lmda_degree)),max(max(lmda _degree))],'lat',[min(min(phai_degree)),max(max(phai_ degree))]);	
24	[c,h]=m_contour(lmda_degree,phai_degree, zb,5000:150:5750,'-k');	
25	clabel(c,h,'LabelSpacing',1000,'fontsize',11)	
26	m_coast('linewidth',1,'color',[123,123,123]/255);	
27	m_grid('fontsize',12)	
28	text(-1,1.0,'(b)','fontsize',16);	

示例程序为 BPM_ss.m。九点空间平滑前后重力位势高度场的空间分布如图 8.4所示。可见,九点空间平滑后 500 hPa 重力位势高度等值线比平滑前的更为光滑。

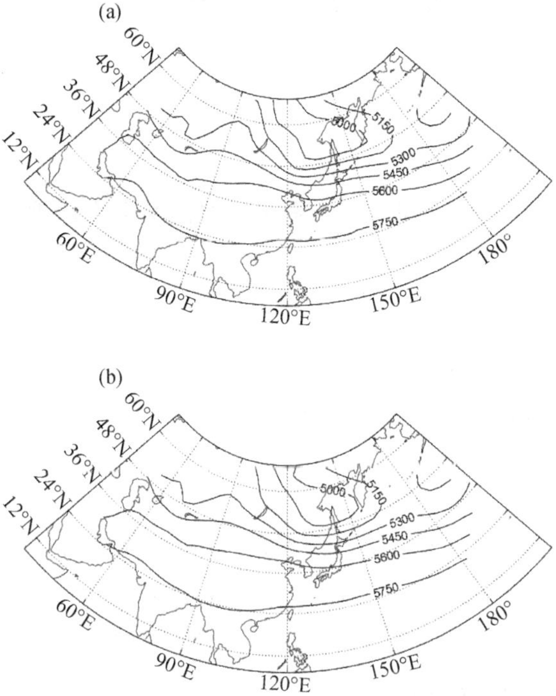

图 8.4　1979 年 1 月 10 日 00 时 500 hPa 重力位势高度场的空间分布图
(a)原始数据;(b)九点平滑后的结果

习题

绘图比较五点平滑和九点平滑的响应函数 R 随波长的变化,分析它们对各波长振幅衰减的影响。

实习 9　时间平滑

9.1　实习目的

通过编程实现时间平滑，使学生掌握运用时间平滑方法抑制高频阻尼振荡，提高差分格式计算稳定性的方法。

9.2　实习要求

编写运行时间平滑的 MATLAB 程序，撰写实习报告，分析程序流程和时间平滑结果。要求学生在机房现场操作，实习教师随堂讲解和指导。

9.3　相关知识回顾

在时间积分的过程中，为阻尼高频振荡，抑制计算解的增长，需要进行时间平滑，时间平滑的公式为

$$\widetilde{F}_{i,j}^{n}=(1-s)F_{i,j}^{n}+\frac{s}{2}(F_{i,j}^{n+1}+F_{i,j}^{n-1}) \tag{9.1}$$

其中 s 为时间平滑系数，通常设为 0.5。下面对这种时间平滑滤波的性能进行分析。首先将要素 $F_{i,j}^{n}$ 表示为如下波动解形式

$$F_{i,j}^{n}=\hat{F}(i,j)e^{I\omega n\Delta t} \tag{9.2}$$

其中 $\hat{F}(i,j)$ 为第 (i,j) 个格点上谐波的振幅，ω 为圆频率。将式(9.2)代入时间平滑公式(9.1)，可得

$$\widetilde{F}_{i,j}^{n}=(1-s)\hat{F}(i,j)e^{I\omega n\Delta t}+\frac{s}{2}[\hat{F}(i,j)e^{I\omega(n+1)\Delta t}+\hat{F}(i,j)e^{I\omega(n-1)\Delta t}] \tag{9.3}$$

$$\widetilde{F}_{i,j}^{n}=(1-s)\hat{F}(i,j)e^{I\omega n\Delta t}+\frac{s}{2}\hat{F}(i,j)e^{I\omega n\Delta t}(e^{I\omega\Delta t}+e^{-I\omega\Delta t}) \tag{9.4}$$

$$\widetilde{F}_{i,j}^{n}=\hat{F}(i,j)e^{I\omega n\Delta t}\left[(1-s)+\frac{s}{2}(e^{I\omega\Delta t}+e^{-I\omega\Delta t})\right] \tag{9.5}$$

应用欧拉公式

$$\widetilde{F}_{i,j}^{n}=\hat{F}(i,j)e^{I\omega n\Delta t}[(1-s)+s\cos(\omega\Delta t)] \tag{9.6}$$

$$\widetilde{F}_{i,j}^{n}=\hat{F}(i,j)e^{I\omega n\Delta t}[1-s(1-\cos(\omega\Delta t))] \tag{9.7}$$

根据如下函数的定义

$$R_t = \frac{时间平滑后振幅}{原振幅} \tag{9.8}$$

容易计算获得三点时间平滑的响应函数为

$$R_t(s) = \frac{[1-s(1-\cos(\omega\Delta t))]\hat{F}}{\hat{F}} = 1-2s\sin^2\frac{\omega\Delta t}{2} = 1-2s\sin^2\frac{\pi\Delta t}{T} \tag{9.9}$$

若$|R_t(s)|>1$，平滑后振幅增长，反之若$|R_t(s)|<1$，平滑后振幅衰减。当$R_t(s)$出现负值，表示平滑后的位相相对于原谐波的位相产生了 180°的变化。选择适当的平滑系数可以使得平滑运算具有良好的滤波性能。例如，当 $s=1/2$ 时，时间平滑响应函数为

$$R_t\left(\frac{1}{2},T\right) = \cos^2\left(\frac{\pi\Delta t}{T}\right) \leqslant 1 \tag{9.10}$$

对于周期 $T=2\Delta t$ 的高频振动将被完全滤除；对 $T>2\Delta t$ 的振动则有不同程度的衰减；当 $T\rightarrow\infty$时，$R\rightarrow 1$，平滑后振幅不受影响(图 9.1)。

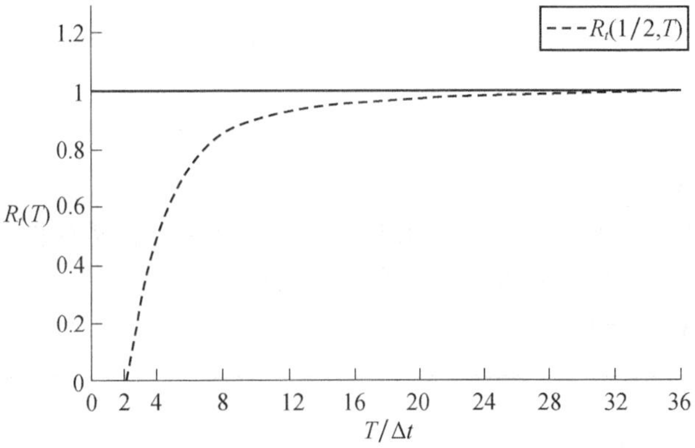

图 9.1　时间平滑的响应函数R_t随周期的变化

9.4　实习内容

(1)编写时间平滑子程序，输入前后三个时间层的 u、v、z 和平滑系数，输出平滑结果。

实验步骤及程序示例

1	function [ub,vb,zb]=ts(ua,ub,uc,va,vb,vc,za,zb,zc,s)	定义时间平滑子程序(*ts*)，输入大气环流场在第 $n-1$ 时刻的值(*ua*,*va*,*za*)、在第 n 时刻的值(*ub*,*vb*,*zb*)、在第 $n+1$ 时刻的值(*uc*,*vc*,*zc*)、平滑系数(*s*)，输出平滑后的大气环流场

续表

[m,n]=size(ua);
m1=m-1;
n1=n-1;
	通过输入变量 *ua* 计算经纬向格点数（*m*,*n*），并定义计算参数

for i=2:m1
    for j=2:n1
        ub(i,j)=ub(i,j)+s*(ua(i,j)
            +uc(i,j)-2.0*ub(i,j))/2.0;
        vb(i,j)=vb(i,j)+s*(va(i,j)
            +vc(i,j)-2.0*vb(i,j))/2.0;
        zb(i,j)=zb(i,j)+s*(za(i,j)+
            zc(i,j)-2.0*zb(i,j))/2.0;
    end
end
return
	根据公式（9.1）对边界内格点进行时间平滑

示例程序为 ts.m。

(2)采用欧洲中心 ERA5 再分析资料的 500 hPa 重力位势高度场，采用兰勃特投影方式，以 1979 年 1 月 10 日 00 时为例进行时间平滑。

实验步骤及程序示例

function zb=ts_1var(za,zb,zc,s)
zb(2:end-1,2:end-1)=zb(2:end-1,2:end-1)+s*(za(2:end
    -1,2:end-1)+zc(2:end-1,2:end-1)-2.0*zb(2:end-
    1,2:end-1))/2.0;
return
	只针对 1 个变量做时间平滑时，对时间平滑子程序进行简化

m=41;
n=17;
d=300000.0;
clat=45.0;
clon=120.0;
s=0.5;
	定义经向格点数（*m*）、纬向格点数（*n*）、地图投影中央经度（*clon*）和中央纬度（*clat*）、平滑系数（*s*）

续表

10	z500= 　　ncread('era5_geopotential_19790109_ 　　19790111_00. nc','z');	
11	lon= 　　ncread('era5_geopotential_19790109_ 　　19790111_00. nc','longitude');	读入待平滑的气象要素场(*z*500)及其经纬度范围(*lon*、*lat*)，把三个时次的结果转存为 *za*、*zb* 和 *zc*。
12	lat= 　　ncread('era5_geopotential_19790109_ 　　19790111_00. nc','latitude');	
13	za=z500(:,:,1)/9. 8;	
14	zb=z500(:,:,2)/9. 8;	
15	zc=z500(:,:,3)/9. 8;	
16	[rm,f,lmda_degree,phai_degree]=cmf(d,clat,clon,m,n);	调用子程序(*cmf*)计算放大系数(*rm*)和科里奥利参数(*f*)，以及相应的经度(*lmda_degree*)和纬度(*phai_degree*)
17	za=interp_proj_grid_z(za,lmda_degree,phai 　　_degree,m,n,lon,lat);	
18	zb=interp_proj_grid_z(zb,lmda_degree,phai 　　_degree,m,n,lon,lat);	调用子程序(interp_proj_grid_z)把重力位势高度场插值到投影区域各格点上
19	zc=interp_proj_grid_z(zc,lmda_degree,phai 　　_degree,m,n,lon,lat);	
20	zb_ori=zb;	保存原始数据副本(*zb_ori*)，
21	zb=ts_1var(za,zb,zc,s);	对数据进行时间平滑并保存为(*zb*)

示例程序为 BPM_ss. m。平滑前后重力位势高度场的空间分布如图 9. 2 所示。可见，三点时间平滑后 500 hPa 重力位势高度等值线与平滑前的相比出现了一些细节上的变化。

(a)

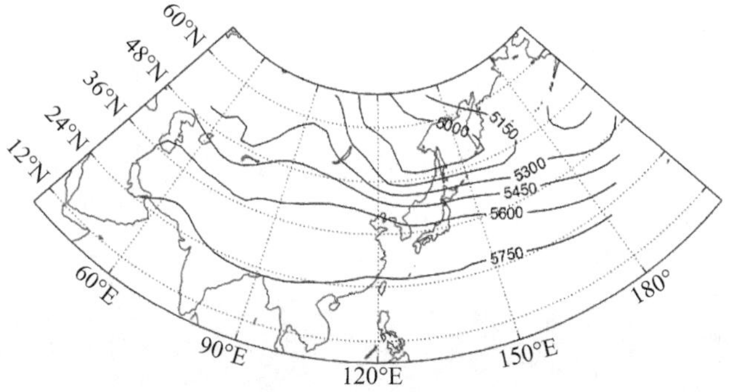

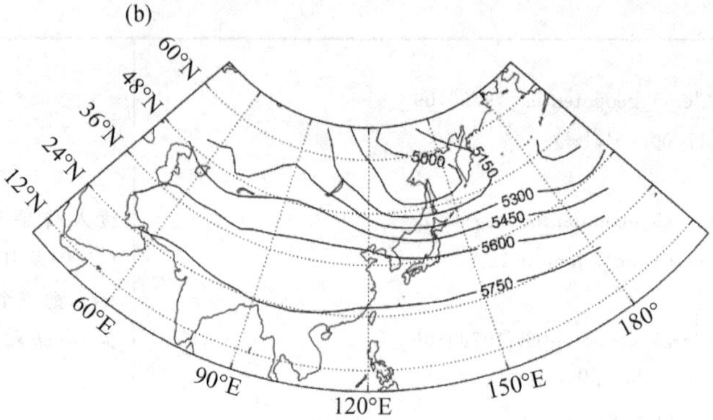

图 9.2 1979 年 1 月 10 日 00 时 500 hPa 重力位势高度场的空间分布图

(a)原始数据;(b)时间平滑后的结果

习题

选取 200 hPa 的 u、v、z 要素场,对 $n-1$,n,$n+1$ 时次的要素场进行三点时间平滑并绘图分析。

实习 10　正压原始方程模式的二次守恒格式

10.1　实习目的

通过编程设计正压原始方程模式二次守恒平流格式，使学生深入理解数值天气预报模式的动力框架，掌握二次守恒平流格式的基本原理及计算方法。

10.2　实习要求

编写运行正压原始方程模式二次守恒平流格式的 MATLAB 程序，撰写实习报告，分析程序流程和正压原始方程的积分结果。要求学生在机房现场操作，实习教师随堂讲解和指导。

10.3　相关知识回顾

10.3.1　正压原始方程模式的预报方程组

正压原始方程模式是最简单的原始方程模式。在 p 坐标系下运动方程、静力学方程和连续方程分别为

$$
\begin{cases}
\dfrac{\partial u}{\partial t}+u\dfrac{\partial u}{\partial x}+v\dfrac{\partial u}{\partial y}-fv+\dfrac{\partial \Phi}{\partial x}=0 & (10.1)\\[2ex]
\dfrac{\partial v}{\partial t}+u\dfrac{\partial v}{\partial x}+v\dfrac{\partial v}{\partial y}+fu+\dfrac{\partial \Phi}{\partial y}=0 & (10.2)\\[2ex]
\dfrac{\partial \Phi}{\partial p}=-\dfrac{1}{\rho} & (10.3)\\[2ex]
\dfrac{\partial u}{\partial x}+\dfrac{\partial v}{\partial y}+\dfrac{\partial \omega}{\partial p}=0 & (10.4)
\end{cases}
$$

其中 u 为纬向风，v 为经向风，$\Phi=gz$ 为重力位势，f 为科里奥利参数，g 为重力位势加速度。正压原始方程模式满足下面两个基本假设。

(1)假定大气是均匀不可压缩流体

假设大气密度 $\rho=\rho_0$ 为一常数，大气运动可以看做具有自由表面的均匀不可压缩流体，大气上界高度(自由面上)为 $\Phi=\Phi_T$，该处 $p=0$，大气下边界为地球表面，$\Phi=\Phi_s(x,y)$，$p=p_s$(图 10.1)。

垂直积分静力平衡方程 $\int_0^p \mathrm{d}p=-\rho\int_{\Phi_T}^{\Phi}\mathrm{d}\Phi$，则有

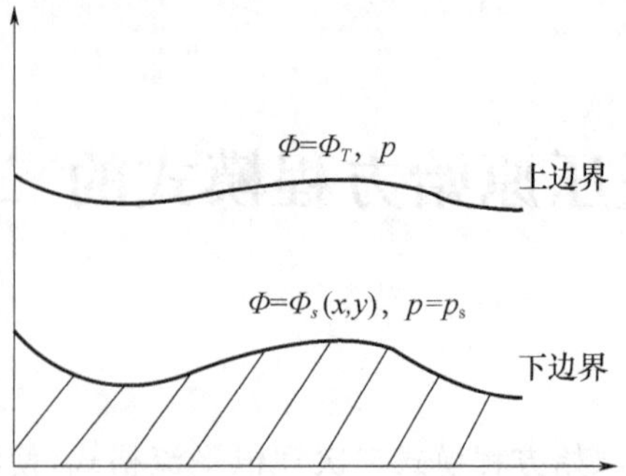

图 10.1　正压模式大气示意图

$$p=\rho(\Phi_T-\Phi) \tag{10.5a}$$

由(10.5a)式可以导出任意等压面上的位势梯度为

$$\nabla(\Phi_T-\Phi)=\nabla\frac{p}{\rho}=0 \tag{10.5b}$$

则有$\nabla\Phi_T=\nabla\Phi$。可见，在假设模式大气满足静力平衡，均匀不可压缩时，水平气压梯度力是不随气压变化的。因此，在任意等 压面上的水平气压梯度都可以用自由面上的气压梯度力来表示。

(2)初始时刻水平风速不随气压变化，即 $t=0,\frac{\partial u}{\partial p}=\frac{\partial v}{\partial p}=0$。对上式进行时间微商可得

$$\frac{\partial}{\partial t}\left(\frac{\partial u}{\partial p}\right)=\frac{\partial}{\partial t}\left(\frac{\partial v}{\partial p}\right)=0 \tag{10.6}$$

式(10.6)表明，各时段 u 和 v 也保持不随气压发生变化，即 u 和 v 在垂直方向永远保持均匀。同理，可知 u 和 v 的空间梯度变化在垂直方向上也保持不变。

由上面两个假定可以推知，水平运动方程(10.1)和(10.2)中引起风速局地变化的各项都不随气压变化，也可以看做在垂直方向的平均。因此，方程适用于模式大气的任意一层等压面。为了构成以 u、v 和 Φ 为因变量的闭合预报方程组，需要把连续方程改写为另外一种形式。连续方程(10.4)可写为$\frac{\partial\omega}{\partial p}=-\nabla_h\cdot\mathbf{V}$。由基本假设(2)可知$\nabla_h\cdot\mathbf{V}$ 在垂直方向上保持不变，即$\frac{\partial}{\partial p}(\nabla_h\cdot\mathbf{V})=\frac{\partial}{\partial p}\left(\frac{\partial u}{\partial x}+\frac{\partial v}{\partial y}\right)=0$。应用垂直边界条件 $\begin{cases}p=0,\omega=0\\p=p_s,\omega=\omega_s\end{cases}$，积分上式，$\int_0^{p_s}\frac{\partial\omega}{\partial p}\mathrm{d}p=-\int_0^{p_s}\nabla_h\cdot\mathbf{V}\mathrm{d}p$，得

$$\omega_s=-p_s\nabla_h\cdot\mathbf{V} \tag{10.7}$$

由于$p_s=p_s(x,y,t)$，则有$\omega_s=\frac{\mathrm{d}p_s}{\mathrm{d}t}=\frac{\partial p_s}{\partial t}+\mathbf{V}\cdot\nabla_h p_s$。将此式代入到式(10.7)

中，则连续方程可以变为

$$\frac{\partial p_s}{\partial t}+\boldsymbol{V}\cdot\nabla_h p_s=-p_s\nabla_h\cdot\boldsymbol{V} \tag{10.8a}$$

$$\frac{\partial p_s}{\partial t}+\nabla_h\cdot(p_s\boldsymbol{V})=0 \tag{10.8b}$$

由式(10.5a)可知$p_s=\rho(\Phi_T-\Phi_s)$，则有

$$\frac{\partial}{\partial t}\rho(\Phi_T-\Phi_s)+\nabla_h\cdot[\rho(\Phi_T-\Phi_s)\boldsymbol{V}]=0 \tag{10.9a}$$

$$\frac{\partial}{\partial t}(\Phi_T-\Phi_s)+\nabla_h\cdot[(\Phi_T-\Phi_s)\boldsymbol{V}]=0 \tag{10.9b}$$

$$\frac{\partial}{\partial t}(\Phi_T-\Phi_s)+\frac{\partial}{\partial x}[(\Phi_T-\Phi_s)u]+\frac{\partial}{\partial y}[(\Phi_T-\Phi_s)v]=0 \tag{10.9c}$$

式(10.9c)即为用 u、v 和 Φ 表示的连续方程。由于地球表面上的重力位势Φ_s是已知变量，方程(10.1)、(10.2)和(10.9c)便构成了关于变量 u、v 和Φ_T的闭合预报方程组，即正压原始方程组。假设地表面平坦$\Phi_s=0$，并略写下标"T"，则这个方程组简化为

$$\begin{cases}\dfrac{\partial u}{\partial t}+u\dfrac{\partial u}{\partial x}+v\dfrac{\partial u}{\partial y}-fv+\dfrac{\partial \Phi}{\partial x}=0 & (10.10)\\[2ex] \dfrac{\partial v}{\partial t}+u\dfrac{\partial v}{\partial x}+v\dfrac{\partial v}{\partial y}+fu+\dfrac{\partial \Phi}{\partial y}=0 & (10.11)\\[2ex] \dfrac{\partial \Phi}{\partial t}+u\dfrac{\partial \Phi}{\partial x}+v\dfrac{\partial \Phi}{\partial y}+\Phi\left(\dfrac{\partial u}{\partial x}+\dfrac{\partial v}{\partial y}\right)=0 & (10.12)\end{cases}$$

正压原始方程组(10.10)－(10.12)一般用于 500 hPa 等压面上未来时刻风场和位势高度场的预报。正压原始方程模式中既有缓慢移动的大气长波，又有快速移动的重力惯性波。因此，正压原始方程模式不仅可以描述准地转演变过程，而且还可以描述地转适应过程。

10.3.2　正压原始方程组的线性计算稳定性

对于非线性的正压原始方程组(10.10)－(10.12)，一般也是将其线性计算稳定性作为依据，来选取时间积分步长。为讨论方便，这里选取 x 方向的一维运动，并略去科里奥利力项，得

$$\begin{cases}\dfrac{\partial u}{\partial t}+u\dfrac{\partial u}{\partial x}+g\dfrac{\partial z}{\partial x}=0 & (10.13)\\[2ex] \dfrac{\partial z}{\partial t}+u\dfrac{\partial z}{\partial x}+z\dfrac{\partial u}{\partial x}=0 & (10.14)\end{cases}$$

对式(10.13)和式(10.14)进行线性化处理，令 $u=\overline{u}+u'$，$z=\overline{z}+z'$，则(10.13)式可写为

$$\frac{\partial(\bar{u}+u')}{\partial t}+(\bar{u}+u')\frac{\partial(\bar{u}+u')}{\partial x}+g\frac{\partial(\bar{z}+z')}{\partial x}=0 \tag{10.15}$$

略去式(10.15)中的二阶小量 $u'\frac{\partial u'}{\partial x}$，得

$$\frac{\partial u'}{\partial t}=-\bar{u}\frac{\partial u'}{\partial x}-g\frac{\partial z'}{\partial x} \tag{10.16}$$

同理可得

$$\frac{\partial z'}{\partial t}=-\bar{u}\frac{\partial z'}{\partial x}-\bar{z}\frac{\partial u'}{\partial x} \tag{10.17}$$

令 $U=u/c$，$c=\sqrt{g\bar{z}}$ 为重力外波波速，$Z=z/\bar{z}$，则式(10.16)和式(10.17)可写为

$$\frac{\partial U}{\partial t}=-\bar{u}\frac{\partial U}{\partial x}-c\frac{\partial Z}{\partial x} \tag{10.18}$$

$$\frac{\partial Z}{\partial t}=-\bar{u}\frac{\partial Z}{\partial x}-c\frac{\partial U}{\partial x} \tag{10.19}$$

对时间导数和空间导数都采用中央差分格式，则式(10.18)和式(10.19)的有限差分形式为

$$U_i^{n+1}=U_i^{n-1}-\frac{\bar{u}\Delta t}{d}(U_{i+1}^n-U_{i-1}^n)-\frac{c\Delta t}{d}(Z_{i+1}^n-Z_{i-1}^n) \tag{10.20}$$

$$Z_i^{n+1}=Z_i^{n-1}-\frac{\bar{u}\Delta t}{d}(Z_{i+1}^n-Z_{i-1}^n)-\frac{c\Delta t}{d}(U_{i+1}^n-U_{i-1}^n) \tag{10.21}$$

式中 d 和 Δt 分别为空间步长和时间步长。将式(10.20)与式(10.21)相加，令 $F_i=U_i+Z_i$，易得

$$F_i^{n+1}=F_i^{n-1}-(\alpha+\beta)(F_{i+1}^n-F_{i-1}^n) \tag{10.22}$$

式中 $\alpha=\frac{\bar{u}\Delta t}{d}$，$\beta=\frac{c\Delta t}{d}$。式(10.22)即为一维运动假设下正压原始方程组的线性差分方程。下面将采用冯·纽曼方法来讨论式(10.22)的线性稳定性判据。设上述差分方程的波动解为

$$F_i^n=\hat{F}G^n e^{Ikid} \tag{10.23}$$

式中 $\hat{F}$ 为常值，G 为增幅因子，i 表示格点位置，而 k 为纬向波数，将波动解式(10.23)代入中央差分方程(10.22)式中，可得

$$G^2=1-(\alpha+\beta)[e^{Ikd}-e^{-Ikd}]G \tag{10.24}$$

进一步应用欧拉公式，可得

$$G^2+2I(\alpha+\beta)\sin(kd)G-1=0 \tag{10.25}$$

容易解得 G 的两个根，分别为

$$G=-I(\alpha+\beta)\sin(kd)\pm\sqrt{1-(\alpha+\beta)^2\sin^2(kd)} \tag{10.26}$$

当 $1-(\alpha+\beta)^2\sin^2(kd)\geqslant 0$ 时，$(\alpha+\beta)^2\sin^2(kd)\leqslant 1$，即 $(\alpha+\beta)^2\leqslant 1$。容易求得式

(10.26)模值的平方为

$$|G|^2=1 \tag{10.27}$$

因此,当$(\alpha+\beta)^2\leqslant 1$时,差分方程的解和相应的差分格式均是稳定的。把$\alpha$和$\beta$的表达式代入其中,可得

$$\left(\frac{\overline{u}\Delta t+c\Delta t}{d}\right)^2\leqslant 1 \tag{10.28}$$

$$\Delta t\leqslant\frac{d}{|\overline{u}|_{\max}+c} \tag{10.29}$$

其中,$|\overline{u}|_{\max}$是$\overline{u}$可能出现的最大值。类似地,描述二维大气运动的正压原始方程组的线性稳定性判据为

$$\Delta t\leqslant\frac{d}{\sqrt{2}(|\overline{u}|_{\max}+c)} \tag{10.30}$$

根据真实大气状况,如果取$d=300\text{km}$,$c=300\text{m/s}$,$|\overline{u}|_{max}=50\text{m/s}$,为了保证数值计算的稳定,则时间步长必须满足$\Delta t\leqslant 606\text{s}$,即正压原始方程模式的时间积分步长不能超过 10 min。由于在原始方程模式中保留了快速移动的重力惯性波,即考虑了地球自转的影响,重力惯性波的相速度为$c\sim(g\overline{z}+f^2/k^2)^{\frac{1}{2}}$,大于重力外波的相速度$\sqrt{g\overline{z}}$,时间积分步长必须取得更小。这会使得数值计算的工作量增加。因此,选择适当的时间积分步长就显得尤为重要。综合考虑各方面的影响,一般将时间步长取为 10 min。

10.3.3　平流形式正压原始方程组的二次守恒格式

一个物理量的守恒称一次守恒;两个物理量乘积的守恒称二次守恒。这里以简单的平流方程(10.31)式为例,来具体讨论二次守恒空间差分格式的构造。

$$\frac{\partial F}{\partial t}+\mathbf{V}\cdot\nabla F=0 \tag{10.31}$$

将等式两边同乘以F,在全球等压面S上积分式(10.31),则有

$$\int_s\frac{\partial\frac{F^2}{2}}{\partial t}\mathrm{d}S+\int_s F\mathbf{V}\cdot\nabla F\mathrm{d}S=0 \tag{10.32}$$

式(10.32)可以还写为

$$\int_s\frac{\partial\frac{F^2}{2}}{\partial t}\mathrm{d}S+\int_s\nabla\cdot\left(\frac{F^2}{2}\mathbf{V}\right)\mathrm{d}S-\int_s\frac{F^2}{2}\nabla\cdot\mathbf{V}\mathrm{d}S=0 \tag{10.33}$$

利用二维散度定理有

$$\int_s\frac{\partial\frac{F^2}{2}}{\partial t}\mathrm{d}S=\int_s\frac{F^2}{2}\nabla\cdot\mathbf{V}\mathrm{d}S \tag{10.34}$$

若有限差分格式乘以 F 后再对 S 区域内所有网格点求和，也能得到式(10.34)相类似的结果，则称这种差分格式为二次差分守恒格式。

为了书写方便，首先引入下列有限差分算符

$$\overline{A}^x=\frac{1}{2}(A_{i+\frac{1}{2},j}+A_{i-\frac{1}{2},j}) \tag{10.35}$$

$$A_x=\frac{1}{d}(A_{i+\frac{1}{2},j}-A_{i-\frac{1}{2},j}) \tag{10.36}$$

$$\overline{A}^{xx}=\frac{1}{4}(A_{i+1,j}+2A_{i,j}+A_{i-1,j}) \tag{10.37}$$

$$A_{xx}=\frac{1}{d^2}(A_{i+1,j}-2A_{i,j}+A_{i-1,j}) \tag{10.38}$$

$$\overline{A}^x_x=\frac{1}{2d}(A_{i+1,j}-A_{i-1,j}) \tag{10.39}$$

$$\overline{A}^{xx}=\overline{\overline{A}^x}^x=\frac{1}{2}(\overline{A}^{2x}+A) \tag{10.40}$$

$$A_{xx}=\frac{2}{d^2}(\overline{A}^{2x}-A) \tag{10.41}$$

$$(AB)_x=\overline{A}^xB_x+A_x\overline{B}^x \tag{10.42}$$

$$(\overline{A}^x\overline{B}^x)_x=\overline{\overline{B}^xA_x}^x+A\,\overline{B}^x_x \tag{10.43}$$

$$(\overline{A}^x\overline{B}^x)_x=\overline{A}^{xx}\overline{B}^x+\overline{A}^x_x\overline{B}^{xx}=\overline{\overline{B}^xA_x}^x+A\,\overline{B}^x_x \tag{10.44}$$

应用式(10.35)～(10.41)，将式(10.31)离散化为

$$\overline{F}^t_t+(\overline{F}^x\overline{u}^x)_x+(\overline{F}^y\overline{u}^y)_y-F(\overline{u}^x_x+\overline{v}^y_y)=0 \tag{10.45}$$

可以证明式(10.45)平流方程$\frac{\partial F}{\partial t}+\nabla\cdot F\mathbf{V}-F\,\nabla\cdot\mathbf{V}=0$ 的二次守恒格式。为此，只需将式(10.45)乘以 F，并在网格区域 S 内各格点求和，即

$$\begin{aligned}&\sum_{i,j}F_{i,j}\,\overline{F}^t_t\Delta S+\sum_{i,j}F_{i,j}\,(\overline{F}^x\,\overline{u}^x)_x\Delta S+\sum_{i,j}F_{i,j}\,(\overline{F}^y\,\overline{u}^y)_y\Delta S-\\&\sum_{i,j}F^2_{i,j}(\overline{u}^x_x+\overline{v}^y_y)\Delta S=0\end{aligned} \tag{10.46}$$

式(10.46)中，$i=2,3,\cdots,M-1,j=2,3,\cdots,N-1$。式(10.46)中左端第二、第三和第四项的推导过程，如下

$$\begin{aligned}\sum_{i,j}F_{i,j}\,(\overline{F}^x\,\overline{u}^x)_x\Delta S&=\sum_{i,j}F_{i,j}\left(\frac{1}{2}(F_{i+\frac{1}{2},j}+F_{i-\frac{1}{2},j})\frac{1}{2}(u_{i+\frac{1}{2},j}+u_{i-\frac{1}{2},j})\right)_x\Delta S\\&=\frac{1}{4}\sum_{i,j}F_{i,j}(F_{i+\frac{1}{2},j}\,u_{i+\frac{1}{2},j}+F_{i+\frac{1}{2},j}\,u_{i-\frac{1}{2},j}+F_{i-\frac{1}{2},j}\,u_{i+\frac{1}{2},j}+\\&\quad F_{i-\frac{1}{2},j}\,u_{i-\frac{1}{2},j})_x\Delta S\end{aligned} \tag{10.47}$$

$$(F_{i+\frac{1}{2},j}u_{i+\frac{1}{2},j})_x=\frac{1}{d}(F_{i+\frac{1}{2}+\frac{1}{2},j}u_{i+\frac{1}{2}+\frac{1}{2},j}-F_{i+\frac{1}{2}-\frac{1}{2},j}u_{i+\frac{1}{2}-\frac{1}{2},j})$$

$$=\frac{1}{d}(F_{i+1,j}u_{i+1,j}-F_{i,j}u_{i,j}) \tag{10.48}$$

$$(F_{i+\frac{1}{2},j}u_{i-\frac{1}{2},j})_x=\frac{1}{d}(F_{i+\frac{1}{2}+\frac{1}{2},j}u_{i-\frac{1}{2}+\frac{1}{2},j}-F_{i+\frac{1}{2}-\frac{1}{2},j}u_{i-\frac{1}{2}-\frac{1}{2},j})$$

$$=\frac{1}{d}(F_{i+1,j}u_{i,j}-F_{i,j}u_{i-1,j}) \tag{10.49}$$

$$(F_{i-\frac{1}{2},j}u_{i+\frac{1}{2},j})_x=\frac{1}{d}(F_{i,j}u_{i+1,j}-F_{i-1,j}u_{i,j}) \tag{10.50}$$

$$(F_{i-\frac{1}{2},j}u_{i-\frac{1}{2},j})_x=\frac{1}{d}(F_{i,j}u_{i,j}-F_{i-1,j}u_{i-1,j}) \tag{10.51}$$

将式(10.48)～(10.51)代入式(10.47)后

$$\begin{aligned}\sum_{i,j}F_{i,j}\ (\overline{F}^x\ \overline{u}^x)_x\Delta S=&\frac{1}{4d}\sum_{i,j}F_{i,j}\ F_{i+1,j}\ u_{i+1,j}\Delta S+\frac{1}{4d}\sum_{i,j}F_{i,j}\ F_{i+1,j}\ u_{i,j}\Delta S\\&+\frac{1}{4d}\sum_{i,j}F_{i,j}\ F_{i,j}\ u_{i+1,j}\Delta S-\frac{1}{4d}\sum_{i,j}F_{i,j}\ F_{i,j}\ F_{i,j}\ u_{i-1,j}\Delta S\\&-\frac{1}{4d}\sum_{i,j}F_{i,j}\ F_{i-1,j}\ u_{i,j}\Delta S-\frac{1}{4d}\sum_{i,j}F_{i,j}F_{i-1,j}\ u_{i-1,j}\Delta S\end{aligned} \tag{10.52}$$

展开式(10.52)有

$$\begin{aligned}\sum_{i,j}F_{i,j}\ (\overline{F}^x\ \overline{u}^x)_x\Delta S=&\frac{1}{2}\sum_{i,j}F_{i,j}^2\left(\frac{u_{i+1,j}-u_{i-1,j}}{2d}\right)\Delta S\\&+\left(F_{M-1,j}\ F_{M,j}\left(\frac{u_{M-1,j}+u_{M,j}}{2}\right)\right.\\&\left.-F_{1,j}\ F_{2,j}\left(\frac{u_{1,j}+u_{2,j}}{2}\right)\right)\Delta S\end{aligned} \tag{10.53}$$

应用边界条件

$$\begin{cases}F_{1,j}=F_{2,j}\ ,F_{M-1,j}=F_{M,j}\\ \overline{u}^x_{1\frac{1}{2},j}=\dfrac{u_{1,j}+u_{2,j}}{2}=0\\ \overline{u}^x_{M-\frac{1}{2},j}=\dfrac{u_{M-1,j}+u_{M,j}}{2}=0\end{cases} \tag{10.54}$$

则式(10.53)最终可以写为

$$\sum_{i,j}F_{i,j}\ (\overline{F}^x\ \overline{u}^x)_x\Delta S=\frac{1}{2}\sum_{i,j}F_{i,j}^2\left(\frac{u_{i+1,j}-u_{i-1,j}}{2d}\right)\Delta S=\sum_{i,j}\frac{F_{i,j}^2}{2}\ \overline{u}_x^x\Delta S \tag{10.55}$$

同理，应用边界条件

$$\begin{cases}F_{i,1}=F_{i,2},F_{i,N-1}=F_{i,N}\\ \overline{v}^y_{i,1\frac{1}{2}}=\dfrac{v_{i,1}+v_{i,2}}{2}=0\\ \overline{v}^y_{i,N-\frac{1}{2}}=\dfrac{v_{i,N-1,j}+v_{i,N}}{2}=0\end{cases} \tag{10.56}$$

可得

$$\sum_{i,j}F_{i,j}\ (\overline{F}^y\ \overline{v}^y)_y\Delta S=\frac{1}{2}\sum_{i,j}F^2_{i,j}\left(\frac{v_{i,j+1}-u_{i,j-1}}{2d}\right)\Delta S=\sum_{i,j}\frac{F^2_{i,j}}{2}\ \overline{v}^y_y\Delta S \tag{10.57}$$

最后可得

$$\sum_{i,j}F_{i,j}\ \overline{F}^t_t\Delta S=\sum_{i,j}\frac{F^2_{i,j}}{2}(\overline{u}^x_x+\overline{v}^y_y)\Delta S \tag{10.58}$$

可见，式(10.45)保持了与相应微分方程对F^2的积分性质，因此，式(10.45)是平流方程$\dfrac{\partial F}{\partial t}+\nabla\cdot F\mathbf{V}-F\ \nabla\cdot\mathbf{V}=0$的二次守恒格式。应用式(10.43)可将(10.45)式改写为

$$\overline{F}^t_t+\overline{\overline{u}^x F_x}^x+\overline{\overline{u}^y F_y}^y=0 \tag{10.59}$$

式(10.59)称为半动量格式或松野格式。

将正压原始方程组(10.10)—(10.12)写在正形的地图投影坐标系中，得到

$$\begin{cases}\dfrac{\partial u}{\partial t}+m\left(u\dfrac{\partial u}{\partial x}+v\dfrac{\partial u}{\partial y}\right)-f^*\ v+mg\dfrac{\partial z}{\partial x}=0 & (10.60)\\ \dfrac{\partial v}{\partial t}+m\left(u\dfrac{\partial v}{\partial x}+v\dfrac{\partial v}{\partial y}\right)+f^*\ u+mg\dfrac{\partial z}{\partial y}=0 & (10.61)\\ \dfrac{\partial z}{\partial t}+m^2\left[u\dfrac{\partial}{\partial x}\left(\dfrac{z}{m}\right)+v\dfrac{\partial}{\partial y}\left(\dfrac{z}{m}\right)+\dfrac{z}{m}\left(\dfrac{\partial u}{\partial x}+\dfrac{\partial v}{\partial y}\right)\right]=0 & (10.62)\end{cases}$$

式中$f^*=f+m^2\left[v\dfrac{\partial}{\partial x}\left(\dfrac{1}{m}\right)-u\dfrac{\partial}{\partial y}\left(\dfrac{1}{m}\right)\right]$，$m$为地图放大系数，方程组(10.60)～(10.62)即为平流形式的正压原始方程组。把式(10.59)推广到平流形式的正压原始方程组，可得平流形式正压原始方程组的二次守恒格式，

$$\begin{cases}\overline{u_t}^t+m_{i,j}\left(\overline{\overline{u}^x u_x}^x+\overline{\overline{v}^y u_y}^y+g\ \overline{z_x}^x\right)-\widetilde{f^*_{i,j}}v_{i,j}=0 & (10.63)\\ \overline{v_t}^t+m_{i,j}\left(\overline{\overline{u}^x v_x}^x+\overline{\overline{v}^y v_y}^y+g\ \overline{z_y}^y\right)+\widetilde{f^*_{i,j}}u_{i,j}=0 & (10.64)\\ \overline{z_t}^t+m^2_{i,j}\left[\overline{\overline{u}^x\left(\dfrac{z}{m}\right)_x}^x+\overline{\overline{v}^y\left(\dfrac{z}{m}\right)_y}^x+\dfrac{z_{i,j}}{m_{i,j}}\left(\overline{u_x}^x+\overline{v_y}^y\right)\right]=0 & (10.65)\end{cases}$$

其中，$\widetilde{f^*_{i,j}}=f_{i,j}+u_{i,j}\overline{m_y}^y-v_{i,j}\overline{m_x}^x$。

10.3.4 空间差分格式与地转适应

(1)差分形式的地转适应方程的解

正压原始方程模式中包含两类波动：低频的大气长波和高频的重力惯性波。因

此，正压原始方程模式能够模拟准地转演变过程和地转适应过程。在准地转演变过程中，大气的运动是非线性的，非线性平流项起重要作用。在地转适应过程中大气的运动基本是线性的，重力惯性波以其群速把局部地区的地转偏差能量频散到广阔的空间，从而使风压场达到准地转平衡状态。应用有限差分方程模拟地转适应过程与网格点上变量的分布有很大的关系。Winninghoff(1968)采用正压原始方程组的线性形式来研究空间差分格式与地转适应的关系

$$\begin{cases}\dfrac{\partial u}{\partial t}-fv+g\dfrac{\partial z}{\partial x}=0 & (10.66)\\[2mm] \dfrac{\partial v}{\partial t}+fu+g\dfrac{\partial z}{\partial y}=0 & (10.67)\\[2mm] \dfrac{\partial z}{\partial t}+z_0\left(\dfrac{\partial u}{\partial x}+\dfrac{\partial v}{\partial y}\right)=0 & (10.68)\end{cases}$$

式中 u、v 和 z 均为扰动量，而 z_0 为自由面的平均高度。设该方程有如下形式的波动解

$$\begin{cases}u=\hat{u}\,e^{I(kx+ly-\omega t)}\\ v=\hat{v}\,e^{I(kx+ly-\omega t)}\\ z=\hat{z}\,e^{I(kx+ly-\omega t)}\end{cases}\tag{10.69}$$

式中 $I=\sqrt{-1}$，k 为 x 方向波数，l 为 y 方向波数，ω 为频率。将式(10.69)代入方程(10.66)－(10.68)中，得

$$\begin{cases}\hat{u}\,e^{I(kx+ly-\omega t)}(-I\omega)-f\hat{v}\,e^{I(kx+ly-\omega t)}+g\hat{z}\,e^{I(kx+ly-\omega t)}(Ik)=0 & (10.70)\\ \hat{v}\,e^{I(kx+ly-\omega t)}(-I\omega)+f\hat{u}\,e^{I(kx+ly-\omega t)}+g\hat{z}\,e^{I(kx+ly-\omega t)}(Il)=0 & (10.71)\\ \hat{z}\,e^{I(kx+ly-\omega t)}(-I\omega)+z_0(\hat{u}\,e^{I(kx+ly-\omega t)}(Ik)+\hat{v}\,e^{I(kx+ly-\omega t)}(Il))=0 & (10.72)\end{cases}$$

化简式(10.70)－(11.72)有

$$\begin{cases}\hat{u}(-I\omega)-f\hat{v}+g(Ik)\hat{z}=0 & (10.73)\\ \hat{v}(-I\omega)+f\hat{u}+g(Il)\hat{z}=0 & (10.74)\\ \hat{z}(-I\omega)+z_0(\hat{u}(Ik)+\hat{v}(Il))=0 & (10.75)\end{cases}$$

若式(10.73)-(10.75)有解，则其系数行列式为 0，即

$$\begin{vmatrix}-I\omega & -f & g(Ik)\\ f & -I\omega & g(Il)\\ z_0(Ik) & z_0(Il) & -I\omega\end{vmatrix}=0\tag{10.76}$$

容易求得

$$\omega^3 I-g\,\overline{z}l^2\omega I-g\,\overline{z}k^2\omega I-f^2\omega I=0\tag{10.77}$$

$$\omega^2-g\,z_0(k^2+l^2)-f^2=0\tag{10.78}$$

整理式(10.78)可得频散关系为

$$\left(\frac{\omega}{f}\right)^2=(1+\lambda^2(k^2+l^2)) \tag{10.79}$$

式中 $\lambda=\sqrt{g z_0}/f$ 为变形半径，$\frac{\omega}{f}$ 为无量纲频率。对式(10.79)分别求波数 k 和 l 的微商，可得重力惯性波的群速度公式

$$\begin{cases} c_{gx}=\dfrac{f^2\lambda^2}{\omega}k \\ c_{gy}=\dfrac{f^2\lambda^2}{\omega}l \end{cases} \tag{10.80}$$

由频率方程(10.79)和群速公式(10.80)可知，重力惯性波的能量是以其群速度频散到无穷空间中去，从而使风压场达到新的准地转平衡状态。因此，群速不为零对于模拟地转适应过程是至关重要的。

大气数值模式采用的变量水平网格分布主要有五种类型(图 10.2)。下面考查二维网格变量分布对地转适应的影响。

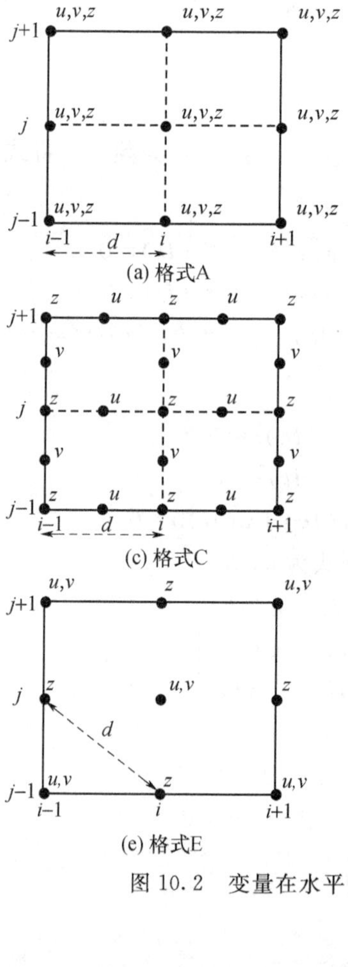

图 10.2　变量在水平网格上的分布形式

根据图 10.2 给出的五种变量分布，可以写出如下五种地转适应方程(10.66)—(10.68)式的有限差分格式(Arakawa 和 Lamb，1977)

1)格式 A

根据图 10.2a 的变量分布，可以写出下列微分—差分方程

$$\begin{cases}\dfrac{\partial u}{\partial t}-fv+g\,\overline{z}_x^x=0 & (10.81)\\[2ex] \dfrac{\partial v}{\partial t}+fu+g\,\overline{z}_y^y=0 & (10.82)\\[2ex] \dfrac{\partial z}{\partial t}+z_0\,(\overline{u}_x^x+\overline{v}_y^y)=0 & (10.83)\end{cases}$$

将波动解(10.69)代入式(10.81)～(10.83)，有

$$\begin{cases}\hat{u}(-I\omega)-f\hat{v}+\dfrac{g}{2\Delta x}\hat{z}\,(e^{Ik\Delta x}-e^{-Ik\Delta x})=0 & (10.84)\\[2ex] \hat{v}(-I\omega)+f\hat{u}+\dfrac{g}{2\Delta y}\hat{z}\,(e^{Il\Delta y}-e^{-Il\Delta y})=0 & (10.85)\\[2ex] \hat{z}(-I\omega)+z_0\left(\dfrac{1}{2\Delta x}\hat{u}\,(e^{Ik\Delta x}-e^{-Ik\Delta x})+\dfrac{1}{2\Delta y}\hat{v}\,(e^{Il\Delta y}-e^{-Il\Delta y})\right)=0 & (10.86)\end{cases}$$

应用欧拉公式可得

$$\begin{cases}\hat{u}(-I\omega)-f\hat{v}+\dfrac{g}{\Delta x}I\sin k\Delta x\hat{z}=0 & (10.87)\\[2ex] \hat{v}(-I\omega)+f\hat{u}+\dfrac{g}{\Delta y}I\sin l\Delta y\hat{z}=0 & (10.88)\\[2ex] \hat{z}(-I\omega)+z_0\left(\dfrac{1}{\Delta x}I\sin k\Delta x\hat{u}+\dfrac{1}{\Delta y}I\sin l\Delta y\hat{v}\right)=0 & (10.89)\end{cases}$$

若式(10.87)～(10.89)有解，则其系数行列式为 0，即

$$\begin{vmatrix}-I\omega & -f & \dfrac{g}{\Delta x}I\sin k\Delta x\\[2ex] f & -I\omega & \dfrac{g}{\Delta y}I\sin l\Delta y\\[2ex] \dfrac{z_0 I\sin k\Delta x}{\Delta x} & \dfrac{z_0 I\sin l\Delta y}{\Delta y} & -I\omega\end{vmatrix}=0 \tag{10.90}$$

容易求得

$$\omega^3 I-f^2\omega I-\frac{g\,z_0\sin^2 k\Delta x\omega I}{\Delta x^2}-\frac{g\,z_0\sin^2 l\Delta y\omega I}{\Delta y^2}=0 \tag{10.91}$$

$$\omega^2-f^2-\frac{g\,z_0\sin^2 k\Delta x}{\Delta x^2}-\frac{g\,z_0\sin^2 l\Delta y}{\Delta y^2}=0 \tag{10.92}$$

整理式(10.92)可得频散关系为

$$\left(\frac{\omega}{f}\right)^2=1+\lambda^2\left[k^2\left(\frac{\sin k\Delta x}{k\Delta x}\right)^2+l^2\left(\frac{\sin l\Delta y}{l\Delta y}\right)^2\right] \tag{10.93}$$

式(10.93)中 $\lambda=\sqrt{g z_0}/f$ 为变形半径，$\frac{\omega}{f}$ 为无量纲频率。

2)格式 B

根据图 10.2b 的变量分布，可以写出下列微分一差分方程

$$\begin{cases}\dfrac{\partial u}{\partial t}-fv+g\,\overline{z}_x^y=0 & (10.94)\\[2ex] \dfrac{\partial v}{\partial t}+fu+g\,\overline{z}_y^x=0 & (10.95)\\[2ex] \dfrac{\partial z}{\partial t}+z_0\left(\overline{u}_x^y+\overline{v}_y^x\right)=0 & (10.96)\end{cases}$$

将波动解(10.69)代入式(10.94)～(10.96)，有

$$\begin{cases}\hat{u}(-I\omega)-f\hat{v}+\dfrac{g\hat{z}}{2\Delta x}\left(e^{I\frac{k}{2}\Delta x}-e^{-I\frac{k}{2}\Delta x}\right)\left(e^{I\frac{l}{2}\Delta y}+e^{-I\frac{l}{2}\Delta y}\right)=0 & (10.97)\\[2ex] \hat{v}(-I\omega)+f\hat{u}+\dfrac{g\hat{z}}{2\Delta y}\left(e^{I\frac{k}{2}\Delta x}+e^{-I\frac{k}{2}\Delta x}\right)\left(e^{I\frac{l}{2}\Delta y}-e^{-I\frac{l}{2}\Delta y}\right)=0 & (10.98)\\[2ex] \hat{z}(-I\omega)+z_0\left[\begin{aligned}&\dfrac{1}{2\Delta x}\hat{u}\left(e^{I\frac{k}{2}\Delta x}-e^{-I\frac{k}{2}\Delta x}\right)\left(e^{I\frac{l}{2}\Delta y}+e^{-I\frac{l}{2}\Delta y}\right)\\ &+\dfrac{1}{2\Delta y}\hat{v}\left(e^{I\frac{k}{2}\Delta x}+e^{-I\frac{k}{2}\Delta x}\right)\left(e^{I\frac{l}{2}\Delta y}-e^{-I\frac{l}{2}\Delta y}\right)\end{aligned}\right]=0 & (10.99)\end{cases}$$

应用欧拉公式可得

$$\begin{cases}\hat{u}(-I\omega)-f\hat{v}+\dfrac{2g}{\Delta x}I\sin\dfrac{k\Delta x}{2}\cos\dfrac{l\Delta y}{2}\hat{z}=0 & (10.100)\\[2ex] \hat{v}(-I\omega)+f\hat{u}+\dfrac{2g}{\Delta y}I\cos\dfrac{k\Delta x}{2}\sin\dfrac{l\Delta y}{2}\hat{z}=0 & (10.101)\\[2ex] \hat{z}(-I\omega)+z_0\left(\dfrac{2}{\Delta x}I\sin\dfrac{k\Delta x}{2}\cos\dfrac{l\Delta y}{2}\hat{u}+\dfrac{2}{\Delta y}I\cos\dfrac{k\Delta x}{2}\sin\dfrac{l\Delta y}{2}\right)=0 & (10.102)\end{cases}$$

若式(10.100)－(10.102)有解，则其系数行列式为 0，即

$$\begin{vmatrix}-I\omega & -f & \dfrac{2g}{\Delta x}I\sin\dfrac{k\Delta x}{2}\cos\dfrac{l\Delta y}{2}\\[2ex] f & -I\omega & \dfrac{2g}{\Delta y}I\cos\dfrac{k\Delta x}{2}\sin\dfrac{l\Delta y}{2}\\[2ex] \dfrac{2\,z_0 I\sin\dfrac{k\Delta x}{2}\cos\dfrac{l\Delta y}{2}}{\Delta x} & \dfrac{2\,z_0 I\cos\dfrac{k\Delta x}{2}\sin\dfrac{l\Delta y}{2}}{\Delta y} & -I\omega\end{vmatrix}=0 \tag{10.103}$$

容易求得

$$\omega I\left(\omega^2-f^2-\frac{4g\,z_0\cos^2\frac{k\Delta x}{2}\sin^2\frac{l\Delta y}{2}}{\Delta y^2}-\frac{4g\,z_0\sin^2\frac{k\Delta x}{2}\cos^2 l\Delta y}{\Delta x^2}\right)=0 \quad (10.104)$$

$$\omega^2-f^2-\frac{4g\,z_0\cos^2\frac{k\Delta x}{2}\sin^2\frac{l\Delta y}{2}}{\Delta y^2}-\frac{4g\,z_0\sin^2\frac{k\Delta x}{2}\cos^2\frac{l\Delta y}{2}}{\Delta x^2}=0 \quad (10.105)$$

整理式(10.105)可得频散关系为

$$\left(\frac{\omega}{f}\right)^2=1+\lambda^2\left[k^2\left(\frac{\sin\frac{1}{2}k\Delta x\cos\frac{1}{2}l\Delta y}{\frac{1}{2}k\Delta x}\right)^2+l^2\left(\frac{\sin\frac{1}{2}l\Delta y\cos\frac{1}{2}k\Delta x}{\frac{1}{2}l\Delta y}\right)^2\right] \quad (10.106)$$

式(10.106)中 $\lambda=\sqrt{g\,z_0}/f$ 为变形半径，$\frac{\omega}{f}$ 为无量纲频率。

3)格式 C

根据图 10.2c 的变量分布，可以写出下列微分一差分方程

$$\begin{cases}\dfrac{\partial u}{\partial t}-f\,\overline{v}^{xy}+g\,z_x=0 & (10.107)\\[2mm] \dfrac{\partial v}{\partial t}+f\,\overline{u}^{xy}+g\,z_y=0 & (10.108)\\[2mm] \dfrac{\partial z}{\partial t}+z_0(u_x+v_y)=0 & (10.109)\end{cases}$$

将波动解(10.69)代入式(10.107)－(10.109)，并应用欧拉公式有

$$\begin{cases}\hat{u}(-I\omega)-f\hat{v}\cos\dfrac{k\Delta x}{2}\cos\dfrac{l\Delta y}{2}+\dfrac{2g\hat{z}I\sin\frac{k\Delta x}{2}}{\Delta x}=0 & (10.110)\\[2mm] \hat{v}(-I\omega)+f\hat{u}\cos\dfrac{k\Delta x}{2}\cos\dfrac{l\Delta y}{2}+\dfrac{2g\hat{z}I\sin\frac{l\Delta y}{2}}{\Delta y}=0 & (10.111)\\[2mm] \hat{z}(-I\omega)+z_0\left(\dfrac{2}{\Delta x}\hat{u}I\sin\dfrac{k\Delta x}{2}+\dfrac{2}{\Delta y}\hat{v}I\sin\dfrac{l\Delta y}{2}\right)=0 & (10.112)\end{cases}$$

若式(10.110)～(10.112)有解，则其系数行列式为 0，即

$$\begin{vmatrix}-I\omega & -f\cos\dfrac{k\Delta x}{2}\cos\dfrac{l\Delta y}{2} & \dfrac{2g}{\Delta x}I\sin\dfrac{k\Delta x}{2}\\ f\cos\dfrac{k\Delta x}{2}\cos\dfrac{l\Delta y}{2} & -I\omega & \dfrac{2g}{\Delta y}I\sin\dfrac{l\Delta y}{2}\\ \dfrac{2\,z_0 I\sin\frac{k\Delta x}{2}}{\Delta x} & \dfrac{2\,z_0 I\sin\frac{l\Delta y}{2}}{\Delta y} & -I\omega\end{vmatrix}=0 \quad (10.113)$$

容易求得

$$I\omega\left[\omega^2-\frac{4gz_0\sin^2\left(\frac{k\Delta x}{2}\right)}{(\Delta x)^2}-\frac{4gz_0\sin^2\frac{l\Delta y}{2}}{(\Delta y)^2}-f^2\cos^2\frac{k\Delta x}{2}\cos^2\frac{l\Delta y}{2}\right]=0 \quad (10.114)$$

$$\omega^2-\frac{4gz_0\sin^2\left(\frac{k\Delta x}{2}\right)}{(\Delta x)^2}-\frac{4gz_0\sin^2\frac{l\Delta y}{2}}{(\Delta y)^2}-f^2\cos^2\frac{k\Delta x}{2}\cos^2\frac{l\Delta y}{2}=0 \quad (10.115)$$

整理式(10.115)可得频散关系为

$$\left(\frac{\omega}{f}\right)^2=\cos^2\frac{k\Delta x}{2}\cos^2\frac{l\Delta y}{2}+\lambda^2\left[k^2\left(\frac{\sin\frac{k\Delta x}{2}}{\frac{1}{2}k\Delta x}\right)^2+l^2\left(\frac{\sin\frac{l\Delta y}{2}}{\frac{1}{2}l\Delta y}\right)^2\right] \quad (10.116)$$

式(10.116)中 $\lambda=\sqrt{gz_0}/f$ 为变形半径，$\frac{\omega}{f}$ 为无量纲频率。

4)格式 D

根据图 10.2d 的变量分布，可以写出下列微分一差分方程

$$\begin{cases}\frac{\partial u}{\partial t}-f\overline{v}^{xy}+g\overline{z}_x^{xy}=0 & (10.117)\\ \frac{\partial v}{\partial t}+f\overline{u}^{xy}+g\overline{z}_y^{xy}=0 & (10.118)\\ \frac{\partial z}{\partial t}+z_0(\overline{u}_x^{xy}+\overline{v}_y^{xy})=0 & (10.119)\end{cases}$$

将波动解(10.69)代入(10.117)～(10.119)，并应用欧拉公式有

$$\begin{cases}\hat{u}(-I\omega)-f\hat{v}\cos\frac{k\Delta x}{2}\cos\frac{l\Delta y}{2}+\frac{g\hat{z}I\sin k\Delta x\cos\frac{l\Delta y}{2}}{\Delta x}=0 & (10.120)\\ \hat{v}(-I\omega)+f\hat{u}\cos\frac{k\Delta x}{2}\cos\frac{l\Delta y}{2}+\frac{g\hat{z}I\sin l\Delta y\cos\frac{k\Delta x}{2}}{\Delta y}=0 & (10.121)\\ \hat{z}(-I\omega)+z_0\left(\frac{\hat{u}I\sin k\Delta x\cos\frac{l\Delta y}{2}}{\Delta x}+\frac{\hat{v}I\sin l\Delta y\cos\frac{k\Delta x}{2}}{\Delta y}\right)=0 & (10.122)\end{cases}$$

若式(10.120)～(10.122)有解，则其系数行列式为 0，即

$$\begin{vmatrix}-I\omega & -f\cos\frac{k\Delta x}{2}\cos\frac{l\Delta y}{2} & \frac{g}{\Delta x}I\sin k\Delta x\cos\frac{l\Delta y}{2}\\ f\cos\frac{k\Delta x}{2}\cos\frac{l\Delta y}{2} & -I\omega & \frac{g}{\Delta y}I\sin l\Delta y\cos\frac{k\Delta x}{2}\\ \frac{I\overline{z}\sin k\Delta x\cos\frac{l\Delta y}{2}}{\Delta x} & \frac{I\overline{z}\sin l\Delta y\cos\frac{k\Delta x}{2}}{\Delta y} & -I\omega\end{vmatrix}=0 \quad (10.123)$$

容易求得

$$I\omega\left[\omega^2-\frac{g\,z_0\sin^2 l\Delta y\cos^2\dfrac{k\Delta x}{2}}{(\Delta y)^2}-f^2\cos^2\frac{k\Delta x}{2}\cos^2\frac{l\Delta y}{2}-\frac{g\,z_0\sin^2(k\Delta x)\cos^2\dfrac{l\Delta y}{2}}{(\Delta x)^2}\right]=0 \tag{10.124}$$

$$\omega^2-\frac{g\,z_0\sin^2 l\Delta y\cos^2\dfrac{k\Delta x}{2}}{(\Delta y)^2}-f^2\cos^2\frac{k\Delta x}{2}\cos^2\frac{l\Delta y}{2}-\frac{g\,z_0\sin^2(k\Delta x)\cos^2\dfrac{l\Delta y}{2}}{(\Delta x)^2}=0 \tag{10.125}$$

整理式(10.125)可得频散关系为

$$\left(\frac{\omega}{f}\right)^2=\cos^2\frac{1}{2}k\Delta x\,\cos^2\frac{1}{2}l\Delta y+\lambda^2\left[k^2\left(\frac{\sin k\Delta x}{k\Delta x}\right)^2\cos^2\frac{l\Delta y}{2}+l^2\left(\frac{\sin l\Delta y}{l\Delta y}\right)^2\cos^2\frac{k\Delta x}{2}\right] \tag{10.126}$$

式(10.126)中 $\lambda=\sqrt{g\,z_0}/f$ 为变形半径，$\dfrac{\omega}{f}$ 为无量纲频率。

5)格式 E

根据图 10.2e 的变量分布，可以写出下列微分一差分方程

$$\begin{cases}\dfrac{\partial u}{\partial t}-fv+g\,z_x=0 & (10.127)\\[2ex] \dfrac{\partial v}{\partial t}+fu+g\,z_y=0 & (10.128)\\[2ex] \dfrac{\partial z}{\partial t}+z_0(u_x+v_y)=0 & (10.129)\end{cases}$$

将波动解(10.69)代入式(10.127)～(10.129)可得

$$\begin{cases}\hat{u}(-I\omega)-f\hat{v}+\dfrac{g}{\Delta x}\hat{z}\left(e^{I\frac{k}{2}\Delta x}-e^{-I\frac{k}{2}\Delta x}\right)=0 & (10.130)\\[2ex] \hat{v}(-I\omega)+f\hat{u}+\dfrac{g}{\Delta y}\hat{z}\left(e^{I\frac{l}{2}\Delta y}-e^{-I\frac{l}{2}\Delta y}\right)=0 & (10.131)\\[2ex] \hat{z}(-I\omega)+z_0\left(\dfrac{1}{\Delta x}\hat{u}\left(e^{I\frac{k}{2}\Delta x}-e^{-I\frac{k}{2}\Delta x}\right)+\dfrac{1}{\Delta y}\hat{v}\left(e^{I\frac{l}{2}\Delta y}-e^{-I\frac{l}{2}\Delta y}\right)\right)=0 & (10.132)\end{cases}$$

应用欧拉公式可得

$$\begin{cases}\hat{u}(-I\omega)-f\hat{v}+\dfrac{2g}{\Delta x}I\sin\dfrac{k\Delta x}{2}\hat{z}=0 & (10.133)\\[2ex] \hat{v}(-I\omega)+f\hat{u}+\dfrac{2g}{\Delta y}I\sin\dfrac{l\Delta y}{2}\hat{z}=0 & (10.134)\\[2ex] \hat{z}(-I\omega)+z_0\left(\dfrac{2}{\Delta x}I\sin\dfrac{k\Delta x}{2}\hat{u}+\dfrac{2}{\Delta y}I\sin\dfrac{l\Delta y}{2}\hat{v}\right)=0 & (10.135)\end{cases}$$

若式(10.133)～(10.135)有解，则其系数行列式为 0，即

$$\begin{vmatrix} -I\omega & -f & \frac{2g}{\Delta x}I\sin\frac{k\Delta x}{2} \\ f & -I\omega & \frac{2g}{\Delta y}I\sin\frac{l\Delta y}{2} \\ \frac{2\,z_0 I\sin\frac{k\Delta x}{2}}{\Delta x} & \frac{2\,z_0 I\sin\frac{l\Delta y}{2}}{\Delta y} & -I\omega \end{vmatrix}=0 \tag{10.136}$$

容易求得

$$I\omega\left(\omega^2-\frac{4g\,\bar{z}}{(\Delta y)^2}\sin^2\frac{l\Delta y}{2}-f^2-\frac{4g\,\bar{z}}{(\Delta x)^2}\sin^2\left(\frac{k\Delta x}{2}\right)\right)=0 \tag{10.137}$$

$$\omega^2-\frac{4g\,\bar{z}}{(\Delta y)^2}\sin^2\frac{l\Delta y}{2}-f^2-\frac{4g\,\bar{z}}{(\Delta x)^2}\sin^2\left(\frac{k\Delta x}{2}\right)=0 \tag{10.138}$$

整理式(10.138)可得频散关系为

$$\left(\frac{\omega}{f}\right)^2=1+\lambda^2\left[k^2\left(\frac{\sin\frac{1}{2}k\Delta x}{\frac{1}{2}k\Delta x}\right)^2+l^2\left(\frac{\sin\frac{1}{2}l\Delta y}{\frac{1}{2}l\Delta y}\right)^2\right] \tag{10.139}$$

式(10.139)中 $\lambda=\sqrt{g\,z_0}/f$ 为变形半径，$\frac{\omega}{f}$ 为无量纲频率。当 $\Delta x=\Delta y=\sqrt{2}\,d$ 时，频散关系式(10.139)变为

$$\left(\frac{\omega}{f}\right)^2=1+\lambda^2\left[\left(\frac{\sin k\,\frac{\sqrt{2}\,d}{2}}{\frac{\sqrt{2}\,d}{2}}\right)^2+\left(\frac{\sin l\,\frac{\sqrt{2}\,d}{2}}{\frac{\sqrt{2}\,d}{2}}\right)^2\right] \tag{10.140}$$

6)格式 E(矩形网格)

宇如聪(1992)考虑格式 E 不是标准正方网格($\Delta x\neq\Delta y$)的情况，对矩形网格的格式 E 进行坐标变换(图 10.3)。假设 $\Delta y/\Delta x=\alpha$，则坐标变换为

$$\begin{cases}\xi=\alpha\Delta x\\ \eta=\Delta y\end{cases} \tag{10.141}$$

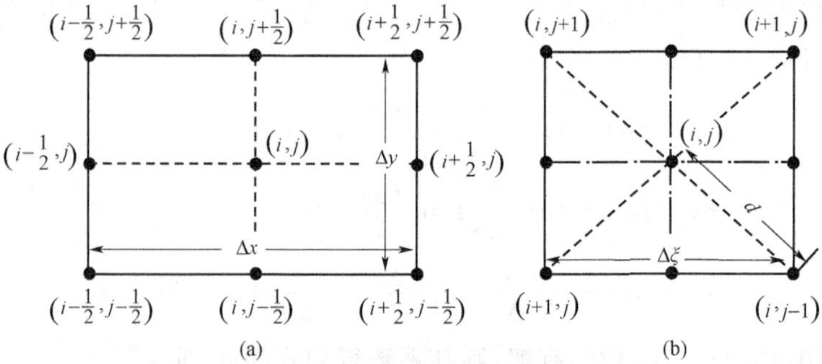

图 10.3　E 网格的坐标变换(a)原始矩形 E 网格；(b)变换后的方形 E 网格

容易得到(ξ,η)坐标系下，方程组(10.127)～(10.129)变为

$$\begin{cases}\dfrac{\partial u}{\partial t}-fv+g\alpha z_{\xi}=0 & (10.142)\\[2ex] \dfrac{\partial v}{\partial t}+fu+gz_{\eta}=0 & (10.143)\\[2ex] \dfrac{\partial z}{\partial t}+z_0(\alpha u_{\xi}+v_{\eta})=0 & (10.144)\end{cases}$$

由于图 10.3b 中格点按对角线排列，对其进行顺时针 45°坐标旋转后坐标轴与原先的(ξ,η)坐标系重合。设旋转后的坐标系为(ξ',η')，得

$$\xi'=\xi\cos\left(-\frac{\pi}{4}\right)-\eta\sin\left(-\frac{\pi}{4}\right)=\frac{\sqrt{2}}{2}(\xi+\eta)$$

$$\eta'=\eta\cos\left(-\frac{\pi}{4}\right)+\xi\sin\left(-\frac{\pi}{4}\right)=\frac{\sqrt{2}}{2}(\eta-\xi)$$

相应的波动解可设为

$$\mathrm{e}^{i(k\xi'+l\eta'-\omega t)}=\mathrm{e}^{i\left[k\frac{\sqrt{2}}{2}(\xi+\eta)+l\frac{\sqrt{2}}{2}(\eta-\xi)-\omega t\right]}=\mathrm{e}^{i\left[\frac{\sqrt{2}}{2}\xi(k-l)+\frac{\sqrt{2}}{2}\eta(k+l)-\omega t\right]} \quad (10.145)$$

将式(10.145)代入式(10.142)～(10.144)，并应用欧拉公式可得

$$\begin{cases}\hat{u}(-I\omega)-f\hat{v}+\dfrac{2g\alpha}{\Delta\xi}\hat{z}I\sin\dfrac{\sqrt{2}(k-l)}{4}\Delta\xi=0 & (10.146)\\[2ex] \hat{v}(-I\omega)+f\hat{u}+\dfrac{2g}{\Delta\eta}\hat{z}I\sin\dfrac{\sqrt{2}(k+l)}{4}\Delta\eta=0 & (10.147)\\[2ex] \hat{z}(-I\omega)+z_0\left(\dfrac{2\hat{u}\alpha I\sin\dfrac{\sqrt{2}(k-l)}{4}\Delta\xi}{\Delta\xi}+\dfrac{2\hat{v}I\sin\dfrac{\sqrt{2}(k+l)}{4}\Delta\eta}{\Delta\eta}\right)=0 & (10.148)\end{cases}$$

当 $\Delta\xi=\Delta\eta=\sqrt{2}d$ 时，式(10.146)～(10.148)化简为

$$\begin{cases}\hat{u}(-I\omega)-f\hat{v}+\dfrac{2g\alpha}{\sqrt{2}d}I\sin\left(\dfrac{k-l}{2}d\right)\hat{z}=0 & (10.149)\\[2ex] \hat{v}(-I\omega)+f\hat{u}+\dfrac{2g}{\sqrt{2}d}I\sin\left(\dfrac{k+l}{2}d\right)\hat{z}=0 & (10.150)\\[2ex] \hat{z}(-I\omega)+z_0\left[\dfrac{2\alpha}{\sqrt{2}d}I\sin\left(\dfrac{k-l}{2}d\right)\hat{u}+\dfrac{2}{\sqrt{2}d}I\sin\left(\dfrac{k+l}{2}d\right)\hat{v}\right]=0 & (10.151)\end{cases}$$

若式(10.149)～(10.151)有解，则其系数行列式为 0，即

$$\begin{vmatrix}-I\omega & -f & \dfrac{2g\alpha}{\sqrt{2}d}I\sin\dfrac{k-l}{2}d\\[2ex] f & -I\omega & \dfrac{2g}{\sqrt{2}d}I\sin\dfrac{k+l}{2}d\\[2ex] \dfrac{2z_0\alpha}{\sqrt{2}d}I\sin\dfrac{k-l}{2}d & \dfrac{2z_0}{\sqrt{2}d}I\sin\dfrac{k+l}{2}d & -I\omega\end{vmatrix}=0 \quad (10.152)$$

容易求得

$$I\omega\left(\omega^2-\frac{4gz_0}{(\sqrt{2}d)^2}\sin^2\frac{k+l}{2}d-f^2-\frac{4gz_0\alpha^2}{(\sqrt{2}d)^2}\sin^2\frac{k-l}{2}d\right)=0 \tag{10.153}$$

$$\omega^2-\frac{4gz_0}{(\sqrt{2}d)^2}\sin^2\frac{k+l}{2}d-f^2-\frac{4gz_0\alpha^2}{(\sqrt{2}d)^2}\sin^2\frac{k-l}{2}d=0 \tag{10.154}$$

整理式(10.154)可得频散关系为

$$\left(\frac{\omega}{f}\right)^2=\lambda^2\frac{2}{d^2}\left[\alpha^2\sin^2\frac{1}{2}(k-l)d+\sin^2\frac{1}{2}(k+l)d\right]+1 \tag{10.155}$$

式(10.155)中 $\lambda=\sqrt{gz_0}/f$ 为变形半径，$\frac{\omega}{f}$为无量纲频率。

(2)差分形式的地转适应方程解的频散性质

为方便比较五种差分格式地转适应方程解的频散性质，取 $\Delta x=\Delta y=d$。由于有限网格可分解的最短波长为 $2d$，它所对应的最大波数为$\frac{\pi}{d}$，即有 $kd\leqslant\pi$ 和 $ld\leqslant\pi$。因此，下面仅在 $0<\frac{kd}{\pi}\leqslant 1$ 和 $0<\frac{ld}{\pi}\leqslant 1$ 的范围内来讨论频率随波数的变化。图 10.4 给出了二维地转适应方程的频率变化曲线，下面根据该图来讨论各差分格式解的频率随波数变化的特点。结果表明，格式 A 的解与真解的性态在低波数段比较接近，在高波数段相差较大，格式 A 的频率在$\frac{kd}{\pi}=\frac{ld}{\pi}=\frac{1}{2}$处出现极大值，随着波数增大与真解的差异也越大。格式 B 的频率分布也类似格式 A，在低波数段与真解很接近，波数越高误差越大，但频率分布在$\frac{kd}{\pi}\leqslant\frac{1}{2}$和$\frac{ld}{\pi}\leqslant\frac{1}{2}$的中低波数段比格式 A 更接近真解。格式 C 的解的频率随波数单调递增，与真解的性态很接近。格式 D 在低波数段与真解很接近，随着波数升高频率反而递减。格式 E 与格式 B 相当。相比之下，格式 A 和格式 D 的空间中央差分对频散关系的歪曲程度较大(Winninghoff，1968；Arakawa 和 Lamb，1977；Mesinger，1981)，所以这两类网格的应用相对较少。模式变量在格式 E 上的分布比较特殊，在后续分析和应用过程中都产生了一定困难。事实上，格式 A、B 和 E 格都存在纯重力波方程的波解分离问题(Mesinger 和 Arakawa，1976)。对于方形网格，变量在格式 E 和格式 B 上的分布仅相差 45°坐标旋转，所以格式 E 和 B 具有许多相同的计算性质(Janjić，1979)。由于格式 E 上相邻网格线交错排列，通常沿网格线进行的单波分析不能反映出格式 E 的本质特征，而同一网格线上高度场和速度场依次排列，使得边界处理相比格式 B 和 C 更复杂一些。由于上述原因，选用格式 E 构建的数值模式相对较少。在全球大气和海洋环流模式中，主要选用 B 网格和 C 网格来构建相应的差分格式。

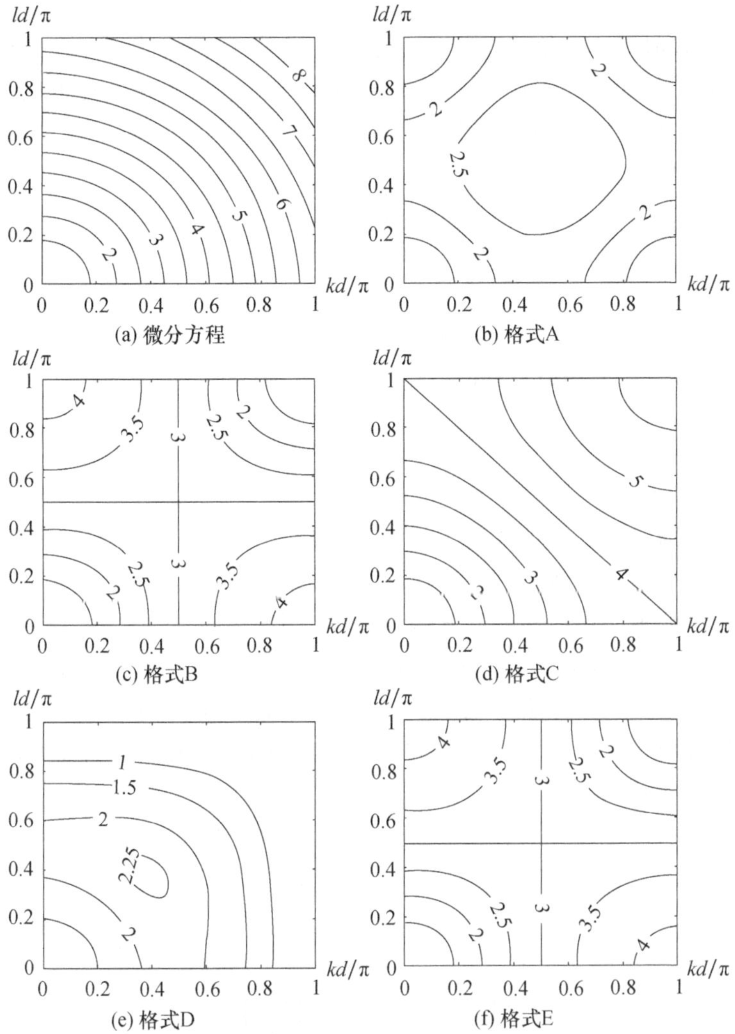

图 10.4　二维地转适应方程解的频率与波数的关系($\frac{\lambda}{d}=2$)

10.3.5　正压原始方程模式的时间积分格式

在确定数值天气预报模式的空间差分格式以后，选择合适的时间积分格式也很重要。一个运算性能良好的时间积分方案要满足计算稳定、高精度和高时效等要求。时间积分格式有显式、隐式、半隐式和分离积分式等多类计算方案，每种计算格式都有其优缺点。在选择时间积分格式时要根据数值天气预报模式的种类、天气系统的特点以及计算机设备条件等多重因素进行综合考量。

(1)显式格式

常用的显式时间积分格式是中央差格式和欧拉-后差格式。在显式格式中预报方程右端都是已知的 t 时刻或 $(t-\Delta t)$ 时刻的变量。应用预报方程可以直接计算出每个格点在 $(t+\Delta t)$ 时刻的预报变量。

1)中央差格式

为简单起见,以一维线性平流方程为例

$$\begin{cases}\dfrac{\partial F}{\partial t}=-c\dfrac{\partial F}{\partial x}\\ F(x,0)=f(x)\end{cases}\tag{10.156}$$

其中 c 为常数。方程(10.156)的中央差格式为

$$\begin{cases}F_i^{n+1}=F_i^{n-1}-c\dfrac{\Delta t}{\Delta x}(F_{i+1}^n-F_{i-1}^n)\\ F_i^0=f_i\end{cases}\tag{10.157}$$

根据前面分析可知,一维线性平流方程的时间中央差格式有两个数值解,一个为物理解,另一个为计算解,其振幅与时间步长 Δt 成比例。计算解不是微分方程的解,需要把它过滤掉。在线性差分方程(10.157)中,计算解通常不会有明显的增长,可以在初始积分时把计算解控制在一定的范围之内。为了减小初始积分时计算解的振幅,可采用式(10.158)表示的“三步法”积分方案,即在时间积分起步时采用欧拉前差格式向前积分 $\Delta t/2$,再用中央差分格式向前积分 $\Delta t/2$,然后以时间步长为 Δt 继续用中央差分格式积分。

$$\begin{cases}F_i^{n+\frac{1}{2}}=F_i^n-c\dfrac{1}{2}\Delta t\left(\dfrac{\partial F}{\partial x}\right)_i^n\\ F_{i,j}^{n+1}=F_{i,j}^n-c\Delta t\left(\dfrac{\partial F}{\partial x}\right)_i^{n+\frac{1}{2}}\\ F_{i,j}^{n+2}=F_{i,j}^n-2c\Delta t\left(\dfrac{\partial F}{\partial x}\right)_i^{n+1}\end{cases}\tag{10.158}$$

在非线性方程中,由于方程各项之间存在非线性相互作用,当方程物理解的振幅变化时,计算解的振幅也会改变。随着积分时间的延长,计算解的振幅会越来越大。采用时间平滑能够有效抑制计算解的增长,相关内容参见实习九。中央差分格式有数值计算简单、计算精度较高等特点,但是差分格式不够稳定,在积分过程中需要附加时间平滑;此外,受线性计算稳定性条件的限制,时间步长 Δt 不能取得太长;中央差分格式有计算解。

2)欧拉后差格式

欧拉后差格式由欧拉格式和后差格式结合而成。同样以一维线性平流方程(10.156)为例,先用时间前差格式(即欧拉格式)计算出第一近似值 $F_i^{*\,n+1}$,

$$F_i^{*n+1}=F_i^n-c\frac{\Delta t}{2\Delta x}(F_{i+1}^n-F_{i-1}^n) \tag{10.159}$$

再用时间后差格式计算出预报值F_i^{n+1}

$$F_i^{n+1}=F_i^n-c\frac{\Delta t}{2\Delta x}(F_{i+1}^{*n+1}-F_{i-1}^{*n+1}) \tag{10.160}$$

可见，欧拉后差格式的每一次积分都进行一次迭代，因此它又称为迭代格式。联立方程(10.159)和(10.160)，消去F_{i+1}^{*n+1}和F_{i-1}^{*n+1}可得

$$F_i^{n+1}=F_i^n-c\frac{\Delta t}{2\Delta x}(F_{i+1}^n-F_{i-1}^n)+\left(\frac{c\Delta t}{2\Delta x}\right)^2(F_{i+2}^n-2F_i^n+F_{i-2}^n) \tag{10.161}$$

式(10.161)表明，欧拉后差格式相当于时间前差格式上增加一个空间平滑运算，其平滑系数为$2\left(\frac{c\Delta t}{2\Delta x}\right)^2$。对于快速移动的高频波，这个平滑系数很大；对于缓慢移动的低频波，这个平滑系数很小。欧拉后差格式仅涉及两个时间层的 F 值，无计算解。此外，欧拉后差格式还具有数值计算简单、格式稳定性高等特点，但时间截断误差的数量级为 $O(\Delta t)$，计算精度较低。受线性计算稳定性条件的限制，积分步长 Δt 不能取得太长。

(2)隐式格式

把一维线性平流方程(10.156)中的$\frac{\partial F}{\partial t}$用时间中央差格式写在半层点$(i,n+1/2)$上，而$\left(\frac{\partial F}{\partial x}\right)_i^{n+\frac{1}{2}}$用 n 和$(n+1)$两个时间层的空间中央差商的平均值来代替(图 10.5)，可得到所谓的六点隐式格式

$$F_i^{n+1}=F_i^n-\frac{c\Delta t}{4\Delta x}(F_{i+1}^{n+1}-F_{i-1}^{n+1}+F_{i+1}^n-F_{i-1}^n) \tag{10.162}$$

式(10.162)与式(10.161)相比较，等号右端出现了未知变量F_{i+1}^{n+1}和F_{i-1}^{n+1}，需要通过求解一个在$(n+1/2)$时间层上的代数方程组，才能得到预报变量F_i^{n+1}。

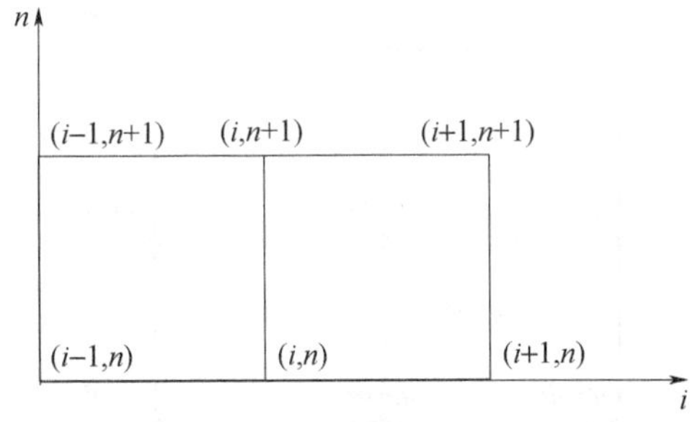

图 10.5　六点隐式格式网格示意图

设方程(10.162)的解为

$$F_i^n=\hat{F}G^n e^{Iki\Delta x} \tag{10.163}$$

把它代入式(10.162)可得

$$G=\frac{1+I\Omega}{1-I\Omega} \tag{10.164}$$

式中 $\Omega=-\frac{c\Delta t}{2\Delta x}\sin k\Delta x$。可见,无论$\frac{c\Delta t}{\Delta x}$如何取值,增幅因子 G 的绝对值均为 1。因此,六点隐式格式是绝对稳定的,可以适当加大时间步长 Δt。对于原始方程模式的隐式格式来说,一般 Δt 可取为1 h。不过,时间步长越长,相速误差就越大。所以,在数值天气预报业务中,一般并不单独使用隐式格式。隐式格式绝对稳定,由于不受线性计算稳定性条件的限制,Δt 可以取得较长;隐式格式无计算解;隐式格式计算复杂,时间截断误差的数量级为 $O(\Delta t)$,计算精度较低。

(3)半隐式格式

半隐式格式是在综合显式和隐式格式各自优点的基础上提出的,这种格式具体可以描述为:方程组中与重力波有关的气压梯度力和水平散度项用隐式格式计算,方程组中与天气尺度运动有关的非线性项用显式格式计算。正压原始方程组的半稳式格式:令 $U=\frac{u}{m}$,$V=\frac{v}{m}$,$k=\frac{1}{2}m^2(U^2+V^2)$,$Q=f+m^2\left(\frac{\partial V}{\partial x}-\frac{\partial U}{\partial y}\right)$,可将正压原始方程组(10.60)～(10.62)改写为

$$\begin{cases}\frac{\partial U}{\partial t}=-\frac{\partial \Phi}{\partial x}-\frac{\partial k}{\partial x}+QV & (10.165)\\ \frac{\partial V}{\partial t}=-\frac{\partial \Phi}{\partial y}-\frac{\partial k}{\partial y}-QU & (10.166)\\ \frac{\partial \Phi}{\partial t}=-m^2\left[u\frac{\partial \Phi}{\partial x}+v\frac{\partial \Phi}{\partial y}+\Phi\left(\frac{\partial U}{\partial x}+\frac{\partial V}{\partial y}\right)\right]=0 & (10.167)\end{cases}$$

参见图 10.6 把方程组中与重力惯性波有关的气压梯度力项和水平散度项写成

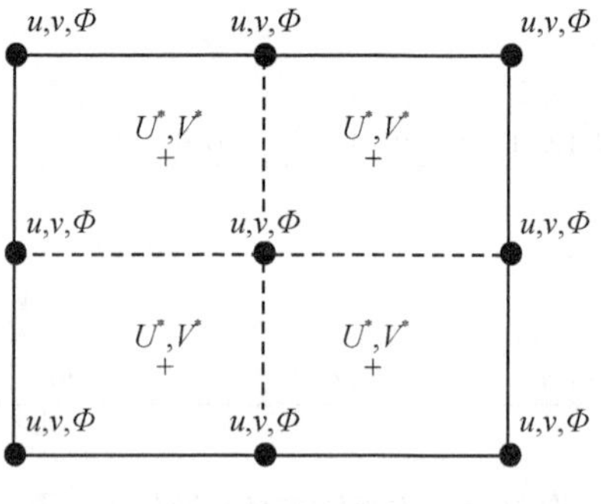

图 10.6　半隐式格式网格示意图

隐式格式，把与天气尺度有关的非线性平流等项写成显式格式，并利用关系式$\overline{F}^{2t}=\frac{1}{2}[F(t+\Delta t)+F(t-\Delta t)]$可得

$$\begin{cases}\overline{U_t^*}^t=-\overline{\overline{\Phi}_x^y}^{2t}-\overline{k}_x^y+Q^*\overline{V}^{xy} & (10.168)\\ \overline{V_t^*}^t=-\overline{\overline{\Phi}_y^x}^{2t}-\overline{k}_y^x-Q^*\overline{U}^{xy} & (10.169)\\ \overline{\Phi}_t^t=-m^2\Phi_0\overline{(\overline{U_x^*}^y+\overline{V_y^*}^x)}^{2t} & \\ \qquad -\overline{\overline{m^2}^{xy}[\overline{(\Phi-\Phi_0)}^{xy}(\overline{U}_x^y+\overline{V}_y^x)+\overline{U}^{xy}\overline{\Phi}_x^y+\overline{V}^{xy}\overline{\Phi}_y^x]}^{xy}=0 & (10.170)\end{cases}$$

式(10.168)～(10.170)中$Q^*=\overline{f}^{xy}+\overline{m^2}^{xy}(\overline{V}_x^y-\overline{U}_y^x)$。注意连续方程(10.170)中隐式水平散度项的系数取了常值Φ_0。半隐式时间积分格式把预报方程中与重力惯性波有关的项写成隐式，把与天气尺度有关的项写成显式。因此，格式的稳定性较好。由于格式受线性计算稳定性条件的限制较小，时间步长可以增加到 1 h，其计算速度是显示格式的两倍。此外，隐式格式时间截断误差的数量级为$O(\Delta t^2)$，计算精度较高。但隐式格式的数值计算比显示格式复杂，格式涉及计算解。

10.3.6　正压原始方程模式二次守恒格式的实验流程

（1）先计算地转参数和地图放大系数，它们都是格点坐标的函数，不需要任何输入的数据，也不随时间变化。

（2）输入初始数据，就可以计算出要求时效内的预报值。

（3）资料调配和打印初始场。打印资料调配后的数据检查数据是否正确。若有错误，及时改正。

（4）如果需要，调配后的数据可进行一次全场平滑，以消除分析场的误差。

（5）利用平滑后的 500 hPa 位势高度初始场计算 500 hPa 的初始风场，形成模式积分所需全部初值。

（6）根据需要选择读入的风场或地转风场对模式进行初始化并积分，在空间上采用二次守恒平流格式，在时间上先用欧拉后差积分 1h 后，再用中央差积分 11 h，循环周期为 12 h。在积分过程中插入边界平滑和时间平滑以提高数值稳定性。区域内点采用五点平滑，平滑频次为 12 h 一次。在积分 6 h 以后，对预报区域 $N\times M$ 个网格点上第一、第二和第三时间层的位势高度和水平风场进行时间平滑。

（7）积分结束保存高度场的预报值。

正压原始方程模式的实验流程图如图 10.7 所示。

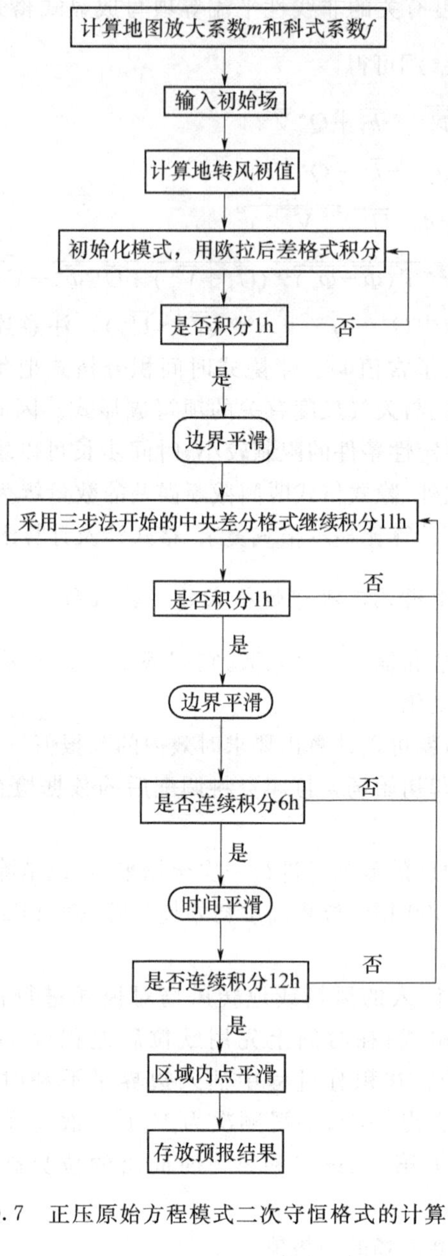

图 10.7　正压原始方程模式二次守恒格式的计算框图

10.4　实习内容

已知预报区域有 $N\times M$ 个网格点，采用兰勃特投影方式，编写二次守恒平流格式的正压原始方程模式。预报方程的差分格式为式(10.60)～(10.62)，采用欧拉后差后中央差交替使用的方法，即先用欧拉后差积分 1 h，再用中央差积分 11 h，循环周期为 12 h。设 F 为一列向量函数，它的分量为模式大气的预报变量 u，v 和 z/m，于是预报方程组可简写为

$$\frac{\partial F_{i,j}}{\partial t}=A_{i,j}F_{i,j} \tag{10.171}$$

式(10.171)中，$\boldsymbol{A}_{i,j}=\begin{bmatrix} L & \widetilde{f_{i,j}^{*}} & -m_{i,j}^{2}g\,\overline{(\;)_x}^{x} \\ -\widetilde{f_{i,j}^{*}} & L & -m_{i,j}^{2}g\,\overline{(\;)_y}^{y} \\ -z_{i,j}\overline{(\;)_x}^{x} & -z_{i,j}\overline{(\;)_y}^{y} & L \end{bmatrix}$为一矩阵算子，矩阵算中 $L=-m_{i,j}[\overline{\overline{u}^{x}(\;)_x}^{x}+\overline{\overline{v}^{y}(\;)_y}^{y}]$为一差分算子。为有效抑制高频振荡，使数值积分稳定，先采用欧拉一后差格式对方程组(10.171)进行数值积分。正压原始方程组的欧拉后差格式可表示为

$$\begin{cases} F_{i,j}^{*\,n+1}=F_{i,j}^{n}+\Delta t\,A_{i,j}^{n}F_{i,j}^{n} \\ F_{i,j}^{n+1}=F_{i,j}^{n}+\Delta t\,A_{i,j}^{*\,n+1}F_{i,j}^{*\,n+1} \end{cases} \tag{10.172}$$

随后采用“三步法”起步的时间中央差格式进行积分。这种格式可表示为

$$\begin{cases} F_{i,j}^{n+\frac{1}{2}}=F_{i,j}^{n}+\dfrac{1}{2}\Delta t\,A_{i,j}^{n}F_{i,j}^{n} \\ F_{i,j}^{n+1}=F_{i,j}^{n}+\Delta t\,A_{i,j}^{n+\frac{1}{2}}F_{i,j}^{n+\frac{1}{2}} \\ F_{i,j}^{n+2}=F_{i,j}^{n}+2\Delta t\,A_{i,j}^{n+1}F_{i,j}^{n+1} \end{cases} \tag{10.173}$$

二次守恒平流格式的正压原始方程模式使用的初始条件为

$$t=0,\begin{cases} z_{i,j}=z_{i,j}^{0} \\ u_{i,j}=u_{i,j}^{0}=-\dfrac{m_{i,j}g}{f_{i,j}}\dfrac{\partial z_{i,j}^{0}}{\partial y} \\ v_{i,j}=v_{i,j}^{0}=\dfrac{m_{i,j}g}{f_{i,j}}\dfrac{\partial z_{i,j}^{0}}{\partial x} \end{cases} \tag{10.174}$$

式(10.174)中$z_{i,j}^{0}$为初始时刻预报区域网格点上的位势高度。

二次守恒平流格式的正压原始方程模式使用的边界条件为固定边界条件

$$\left.\frac{\partial u_{i,j}}{\partial t}\right|_{\beta}=\left.\frac{\partial v_{i,j}}{\partial t}\right|_{\beta}=\left.\frac{\partial z_{i,j}}{\partial t}\right|_{\beta}=0 \tag{10.175}$$

式(10.175)中 β 表示预报区域的水平侧边界。

实验步骤及程序示例

(1)设置模拟实验的各个计算参数并初始化工作数组

```
m=41;
n=17;
d=300000.0;
clat=45.0;
clon=120.0;
dt=600.0;
ua(m,n)=0;va(m,n)=0;za(m,n)=0;
ub(m,n)=0;vb(m,n)=0;zb(m,n)=0;
uc(m,n)=0;vc(m,n)=0;zc(m,n)=0;
rm(m,n)=0;f(m,n)=0;w(m,n)=0;
zo=0.0;
s=0.5;
nt2=72;
nt4=6;
nt5=36;
c1=dt/2.0;
c2=dt*2.0;
nx=(358-0)/2+1;
ny=(90-0)/2+1;
nt=365;
```

设置模拟实验的各个参数，包括纬向格点数(m)，经向格点数(n)，工作数组(ua、va、za、ub、vb、zb、uc、vc、zc、rm、f、w)，网格距(d)，区域中心纬度($clat$)和经度($clon$)，积分步长(dt)，为了减小重力惯性外波的波速而引入的位势高度(zo)，平滑系数(s)，做内点平滑的阈值($nt2$)，做边界平滑的阈值($nt4$)，做时间平滑的阈值($nt5$)，计算常数($c1$、$c2$)，初始场数据的纬向维数(nx)，经向维数(ny)和时间维数(nt)。程序中 ua、va、za 存储第 $n-1$ 时间层的数值，ub、vb 和 zb 存储第 n 个时间层的数值，uc、vc、zc 存储第 $n+1$ 时间层的数值。

(2)读入初始场(包括 u、v、z)

```
in=fopen('u_00Z_1979.dat','r')
u500=fread(in,'float32');
fclose(in)
u500=reshape(u500,nx,ny,nt);
in=fopen('v_00Z_1979.dat','r')
v500=fread(in,'float32');
fclose(in)
v500=reshape(v500,nx,ny,nt);
in=fopen('z_00Z_1979.dat','r')
z500=fread(in,'float32');
fclose(in)
z500=reshape(z500,nx,ny,nt);
nt_f=2;
u=squeeze(u500(:,:,nt_f));
v=squeeze(v500(:,:,nt_f));
z=squeeze(z500(:,:,nt_f));
```

读入 500 hPa 大气环流初始场，包括纬向风($u500$)、经向风($v500$)、重力位势高度($z500$)，数据读入到数组以后把维数调整为经度、纬度和时间。选取第 nt_f 时刻的数据作为初始场(u、v、z)。

(3)计算放大系数和地转参数，把初始场插值到模式网格点上

[rm,f,lmda_degree,phai_degree]=cmf(d,clat,clon,m,n);	调用子程序(*cmf*)计算放大系数(*rm*)和科里奥利参数(*f*)，以及相应的经度(*lmda_degree*)和纬度(*phai_degree*)
[ua,va,za]=interp_proj_grid(u,v,z,lmda_degree,phai_degree,m, n,0,358,0,90); za_ori=za;	调用子程序(*interp_proj_grid*)把初始场插值到模拟区域各格点上，包括纬向风(*uz*)、经向风(*va*)和重力位势高度(*za*)，保存重力位势高度初始场(*za_ori*)
ni=input('Input 0(no static initilaiztion)or 　　1(static initilaiztion)')	判断是否需要用地转风对模式进行静力初始化
if(ni==1)　%　计算地转风初值 　　[ua,va]=cgw(za,rm,f,d,m,n); end	若需要(*ni*=1)，则调用子程序(*cgw*)计算地转风

(4)计算地图放大系数和科里奥利参数的子程序

function [rm,f,lmda_degree,phai_degree]=cmf(d,clat,clon,m,n)	定义子程序(*cmf*)，输入变量依次为格点距(*d*)、区域中央纬度(*clat*)和经度(*clon*)、纬向维数(*m*)和经向维数(*n*)，输出变量依次为地图放大系数(*rm*)、科里奥利参数(*f*)，各格点的经度(*lmda_degree*)和纬度(*phai_degree*)
R=6371000; omega=2 * pi/(23 * 60 * 60+56 * 60+4);	设置地球半径长度 R、计算地球自转角速度 *omega*
kk=(log(sind(30))-log(sind(60))) 　　/(log(tand(30/2))-log(tand(60/2)));	计算圆锥常数(*kk*)

theta=30;
N=n;
M=m;
le=R * sind(theta)/kk * (1/tand(theta/2))^kk;
l1=le * (tand(clat/2))^kk;
	设置兰勃特投影标注纬度(*theta*)、经度格点数(*M*)、纬向格点数(*N*)、兰勃特投影映像平面上赤道到北极点的距离(*le*)、兰勃特投影中纬度(*clat*)到北极点的距离(*l1*)

续表

10	for i=1:M	计算各网格点(*II*,*JJ*)到北极点的距离 *l*,纬度正弦值 *l_tmp*,纬度值 *phai_degree*(角度),经度值 *lmda_degree*(角度),地图放大系数 *rm*,科里奥利参数 *f*
11	for j=1:N	
12	II(i,j)=(i-1-(M-1)/2);	
13	JJ(i,j)=l1/d+(N-1)/2-(j-1);	
14	l(i,j)=sqrt(II(i,j)^2+JJ(i,j)^2) * d;	
15	l_tmp=(le^(2/kk)-l(i,j)^(2/kk)) /(le^(2/kk)+l(i,j)^(2/kk));	
16	phai_degree(i,j)=asin(l_tmp) * 180/pi;	
17	lmda_degree(i,j)=atan(II(i,j)/JJ(i,j))/kk * 180/pi + clon;	
18	rm (i,j)=sind(theta)/sind(90-phai_degree(i,j)) * (tand(90-phai_degree(i,j)/2)/tand(theta/2))^kk;	
19	f(i,j)=2 * omega * sind(phai_degree(i,j));	
20	end	
21	end	
22	return	

(5)初始场插值子程序

1	function [ui,vi,zi]=interp_proj_grid(u,v,z,lmda_degree,phai_degree,m,n,minlon,maxlon,minlat,maxlat)	定义子程序(*interp_proj_grid*),输入变量依次为纬向风(*u*)、经向风(*v*)、重力位势高度(*z*)、格点的经度(*lmda_degree*)和纬度(*phai_degree*)、纬向格点数(*m*)、经向格点数(*n*)、经度最小值(*minlon*)、经度最大值(*maxlon*)、纬度最小值(*minlat*)、纬度最大值(*maxlat*),输出变量依次为各格点上的纬向风(*ui*)、经向风(*vi*)、重力位势高度(*zi*)
2	[X,Y]=meshgrid(minlon:2:maxlon,minlat:2:maxlat);	计算输入场所对应的坐标空间

续表

for i=1:m	
for j=1:n	
ui(i,j)=interp2(X,Y,u',lmda_degree(i,j),phai_degree(i,j));	
vi(i,j)=interp2(X,Y,v',lmda_degree(i,j),phai_degree(i,j));	调用 MATLAB 内置函数 *interp2* 进行坐标插值
zi(i,j)=interp2(X,Y,z',lmda_degree(i,j),phai_degree(i,j));	
end	
end	
return	

(6)计算地转风初值的子程序

function [ua,va]=cgw(za,rm,f,d,m,n)	定义子程序(*cgw*),输入变量依次为重力位势高度(*za*)、地图放大系数(*rm*)、科里奥利参数(*f*)、格点距(*d*)、纬向维数(*m*)和经向维数(*n*),输出变量依次为纬向风(*ua*)和经向风(*va*)
c=9.8/d;	定义计算常数 c
for i=1:m	
ua(i,1)=-c * rm(i,1) * (za(i,2)-za(i,1))/f(i,1);	根据地转风公式计算纬向风分量(*ua*),区域内部采用中央差分格式,区域边界处采用单边差分格式
ua(i,n)=-c * rm(i,n) * (za(i,n)-za(i,n-1))/f(i,n);	
for j=2:n-1	
ua(i,j)=-c * rm(i,j) * (za(i,j+1)-za(i,j))/(1.0 * f(i,j));	
end	
end	
for j=1:n	
va(1,j)=c * rm(1,j) * (za(2,j)-za(1,j))/f(1,j);	
va(m,j)=c * rm(m,j) * (za(m,j)-za(m-1,j))/f(m,j);	根据地转风公式计算经向风分量(*va*),区域内部采用中央差分格式,区域边界处采用单边差分格式
for i=2:m-1	
va(i,j)=c * rm(i,j) * (za(i+1,j)-za(i,j))/(1.0 * f(i,j));	
end	
end	
return	

(7)设置工作数组的边界数据并开始预报

[ub,vb,zb]=tbv(ua,va,za,m,n); [uc,vc,zc]=tbv(ua,va,za,m,n);	调用边值传送子程序(*tbv*)把初始时刻的环流场数据(*ua*、*va*、*za*)赋值给接下来两个时间层的工作数组(*ub*、*vb*、*zb*,*uc*、*vc*、*zc*)
disp('Forecasting 12 hours......') for na=1:1 nb=0;	屏幕打印预报信息,设置积分周期循环次数(*na*)为1,积分步数(*nb*)初始值为0

(8)边值传送子程序

function [ua,va,za]=tbv(ub,vb,zb,m,n)	定义子程序(*tbv*),输入纬向风(*ub*)、经向风(*vb*)、重力位势高度(*zb*)、纬向维数(*m*)和经向维数(*n*)

for j=1:n-1:n
    ua(1:m,j)=ub(1:m,j);
    va(1:m,j)=vb(1:m,j);
    za(1:m,j)=zb(1:m,j);
end
for i=1:m-1:m
    ua(i,1:n)=ub(i,1:n);
    va(i,1:n)=vb(i,1:n);
    za(i,1:n)=zb(i,1:n);
end
return
	传送边界数据

(9)先用欧拉后差积分1 h

for nn=1:6
    [tmp1,tmp2,tmp3]=ti(ua,va,za,ua,va,za,rm,f,d,dt,zo,m,n);
    ub(2:m-1,2:n-1)=tmp1(2:m-1,2:n-1);
    vb(2:m-1,2:n-1)=tmp2(2:m-1,2:n-1);
    zb(2:m-1,2:n-1)=tmp3(2:m-1,2:n-1);
    [tmp1,tmp2,tmp3]=ti(ua,va,za,ub,vb,zb,rm,f,d,dt,zo,m,n);
    ua(2:m-1,2:n-1)=tmp1(2:m-1,2:n-1);
    va(2:m-1,2:n-1)=tmp2(2:m-1,2:n-1);
    za(2:m-1,2:n-1)=tmp3(2:m-1,2:n-1);
    nb=nb+1;
end
	调用时间积分子程序(*ti*)积分1 h,积分次数由*nn*控制。根据欧拉后差迭代格式,每积分一个时间步长要进行相似的两次运算,第一次基于开始时刻的数据(*ua*、*va*、*za*)向前积分半步,第二次基于初始时刻的(*ua*、*va*、*za*)和积分半步后的数据(*ub*、*vb*、*zb*)继续向前积分。每积分一次都要更新区域内各格点的数值。

(10)时间积分子程序

Function [uc,vc,zc]=ti(ua,va,za,ub,vb,zb,rm,f,d,dt,zo,m,n)	定义子程序(*ti*),输入第 $n-1$ 时间层的纬向风(*ua*)、经向风(*va*)、重力位势高度(*za*),第 n 时间层的纬向风(*ub*)、经向风(*vb*)、重力位势高度(*zb*)、地图放大系数(*rm*)、地转参数(*f*)、网格距(*d*)、积分步长(*dt*)、为减小数值不稳定而引入的位势高度(*zo*)、纬向维数(*m*)和经向维数(*n*)

c=0.25/d;
m1=m-1;
n1=n-1;
	定义计算参数

for i=2:m1
    for j=2:n1
        e=-c*rm(i,j)*((ub(i+1,j)+ub(i,j))*(ub(i+1,j)-ub(i,j))+(ub(i,j)+ub(i-1,j))*(ub(i,j)-ub(i-1,j))+(vb(i,j-1)+vb(i,j))*(ub(i,j)-ub(i,j-1))+(vb(i,j)+vb(i,j+1))*(ub(i,j+1)-ub(i,j))+19.6*(zb(i+1,j)-zb(i-1,j)))+f(i,j)*vb(i,j);
        uc(i,j)=ua(i,j)+e*dt;
	积分式(10.63),计算各格点上的纬向风(*ua*)。在计算嵌套差分格式$\overline{\overline{u}^x u_x}^x$时,先展开最上层 x 方向的平均,根据(10.35)-(10.39)可得式 $\overline{\overline{u}^x u_x}^x=\frac{1}{2}[\overline{u}^x_{i+\frac{1}{2},j}(u_{i+\frac{1}{2},j})_x+\overline{u}^x_{i-\frac{1}{2},j}(u_{i-\frac{1}{2},j})_x]$,再展开第二式 $\overline{u}^x_{i+\frac{1}{2},j}$、$(u_{i+\frac{1}{2},j})_x$、$\overline{u}^x_{i-\frac{1}{2},j}$ 和 $(u_{i-\frac{1}{2},j})_x$

g=-c*rm(i,j)*((ub(i+1,j)+ub(i,j))*(vb(i+1,j)-vb(i,j))+(ub(i,j)+ub(i-1,j))*(vb(i,j)-vb(i-1,j))+(vb(i,j-1)+vb(i,j))*(vb(i,j)-vb(i,j-1))+(vb(i,j)+vb(i,j+1))*(vb(i,j+1)-vb(i,j))+19.6*(zb(i,j+1)-zb(i,j-1)))-f(i,j)*ub(i,j);
        vc(i,j)=va(i,j)+g*dt;
    end
end
	积分式(10.64),计算各格点上的经向风(*va*)

续表

for i=2:m1
  for j=2:n1
    h=-c*rm(i,j)^2*((ub(i+1,j)+ub(i,j))*(zb(i+1,j)/rm(i+1,j)-zb(i,j)/rm(i,j))+(ub(i,j)+ub(i-1,j))*(zb(i,j)/rm(i,j)-zb(i-1,j)/rm(i-1,j))+(vb(i,j-1)+vb(i,j))*(zb(i,j)/rm(i,j)-zb(i,j-1)/rm(i,j-1))+(vb(i,j)+vb(i,j+1))*(zb(i,j+1)/rm(i,j+1)-zb(i,j)/rm(i,j))+2.0*(zb(i,j)-zo)/rm(i,j)*(ub(i+1,j)-ub(i-1,j)+vb(i,j+1)-vb(i,j-1)));
    zc(i,j)=za(i,j)+h*dt;
  end
end
	积分式(10.65)，计算各格点上的重力位势高度(*za*)

(11)进行边界平滑

za=ssbp(za,w,s,m,n);
ua=ssbp(ua,w,s,m,n);
va=ssbp(va,w,s,m,n);
	调用边界平滑子程序(ssbp)做边界九点平滑，相关内容参阅实习八

(12)用欧拉前差格式积分半步

[tmp1,tmp2,tmp3]=ti(ua,va,za,ua,va,za,rm,f,d,c1,zo,m,n);
ub(2:m-1,2:n-1)=tmp1(2:m-1,2:n-1);
vb(2:m-1,2:n-1)=tmp2(2:m-1,2:n-1);
zb(2:m-1,2:n-1)=tmp3(2:m-1,2:n-1);
	基于第 $n-1$ 时刻的大气环流场(*ua*、*va*、*za*)，调用时间积分子程序(*ti*)向前积分半步，积分结果相应存入 *ub*、*vb* 和 *zb*

(13)用中央差分积分半步

[tmp1,tmp2,tmp3]=ti(ua,va,za,ub,vb,zb,rm,f,d,dt,zo,m,n);
uc(2:m-1,2:n-1)=tmp1(2:m-1,2:n-1);
vc(2:m-1,2:n-1)=tmp2(2:m-1,2:n-1);
zc(2:m-1,2:n-1)=tmp3(2:m-1,2:n-1);
	基于第 $n-1$ 时刻的大气环流场(*ua*、*va*、*za*)和第 n 时刻的大气环流场(*ub*、*vb*、*zb*)，调用时间积分子程序(*ti*)向前积分半步，积分结果相应存入 *uc*、*vc* 和 *zc*

(14)把第 $n+1$ 时间层的积分结果赋值给第 n 时间层的数组，并继续采用中央差

分格式以一个积分步长连续积分 11 h

nb=nb+1;	积分次数+1
[ub,vb,zb]=ta(uc,vc,zc);	调用数值传递子程序把第 $n+1$ 时间层的积分结果赋值给第 n 时间层

for nn=1:66
[tmp1,tmp2,tmp3]=ti(ua,va,za,ub,vb,zb,rm,f,d,c2,zo,m,n);
uc(2:m-1,2:n-1)=tmp1(2:m-1,2:n-1);
vc(2:m-1,2:n-1)=tmp2(2:m-1,2:n-1);
zc(2:m-1,2:n-1)=tmp3(2:m-1,2:n-1);
nb=nb+1;
disp(['na=',num2str(na),'nb=',num2str(nb)])
	采用中央差分格式连续积分 11 h,每积分一次都打印积分周期循环次数 na 和积分步数 nb

if(nb~=nt2)	判断是否积分 12 h

if(mod(nb,nt4)==0)
zc=ssbp(zc,w,s,m,n);
uc=ssbp(uc,w,s,m,n);
vc=ssbp(vc,w,s,m,n);
	判断是否做边界平滑,每积分 1 h 做一次边界平滑

else if(nb==nt5 || nb==nt5+1)	判断是否做时间平滑,每积分 6 h 做一次时间平滑

[tmp1,tmp2,tmp3]=ts(ua,ub,uc,va,vb,vc,za,zb,zc,s,m,n);
ub(2:m-1,2:n-1)=tmp1(2:m-1,2:n-1);
vb(2:m-1,2:n-1)=tmp2(2:m-1,2:n-1);
zb(2:m-1,2:n-1)=tmp3(2:m-1,2:n-1);
	调用时间平滑子程序(ts),相关内容参阅实习九。把平滑后的结果保存到第 n 时间层的数组中

else [ua,va,za]=ta(ub,vb,zb,m,n); [ub,vb,zb]=ta(uc,vc,zc,m,n); end end end	数组传送,为下一轮积分做准备

(15)积分完毕,保存积分结果并绘图

1	disp(['Output results....... '])	屏幕打印提示语句
2	in=fopen('zc.grd','w')	打开二进制文件 zc.grd，写入重力位势高度预报结果，之后关闭文件。水平风场的预报结果也用相同的方式存储。
3	fwrite(in,zc,'float32');	
4	fclose(in)	
5	in=fopen('uc.grd','w')	
6	fwrite(in,uc,'float32');	
7	fclose(in)	
8	in=fopen('vc.grd','w')	
9	fwrite(in,vc,'float32');	
10	fclose(in)	
11	zc=smooth99(zc);	绘图前首先对重力位势高度进行空间九点平滑
12	subplot(2,1,1)	打开第一子图，设置地图投影方式为兰勃特，经纬度区域限制在预报区域内
13	m_proj('lambert','lon',[min(min(lmda_degree)),max(max(lmda_degree))], 'lat',[min(min(phai_degree)),max(max(phai_degree))]);	
14	[c,h]=m_contour(lmda_degree,phai_degree,za_ori,5000:150:5750,'-k');	以 150 gpm 为间隔绘制 500 hPa等压面上的重力位势高度等值线
15	clabel(c,h,'LabelSpacing',1000,'fontsize',9);	标注等值线数值 把图形转换为地图投影对应的经纬度坐标
16	m_coast('linewidth',1,'color',[123,123,123]/255);	添加灰色海岸线
17	m_grid	把图形转换为兰勃特投影
18	text(-1,1.,'(a)','fontsize',14);	设置子图图题
19	subplot(2,1,2)	
20	m_proj('lambert','lon',[min(min(lmda_degree)),max(max(lmda_degree))],'lat',[min(min(phai_degree)),max(max(phai_degree))]);	
21	[c,h]=m_contour(lmda_degree,phai_degree,zc,5000:150:5750,'-k');	打开第二子图，以同样的方式绘制重力位势高度场预报值
22	clabel(c,h,'LabelSpacing',1000,'fontsize',9);	
23	m_coast('linewidth',1,'color',[123,123,123]/255);	
24	m_grid	
25	text(-1,1.0,'(b)','fontsize',14);	

正压原始方程模式二次守恒平流格式预报实验采用 1979 年 1 月 10 日 00 时欧洲中心 ERA5 再分析资料，以其中的 500 hPa 重力位势高度场和水平风场作为初始场，模式积分 12 h 后重力位势高度场的空间分布如图 10.8 所示。

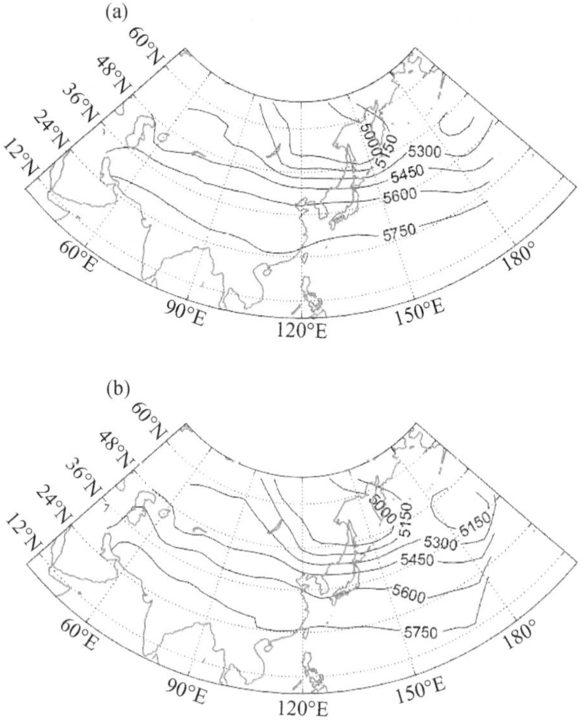

图 10.8　1979 年 1 月 10 日 00 时 500 hPa 重力位势高度场的空间分布图

(a)原始数据；(b)正压原始方程模式的 12 h 预报结果

习题

(1)试编程实现用 Runge Kutta 4 阶积分方案积分正压原始方程模式。Runge Kutta 4 阶积分公式通常可表示为

$$\begin{cases} y_{n+1}=y_n+\dfrac{1}{6}(k_1+2k_2+2k_3+k_4) \\ k_1=hf(x_n,y_n) \\ k_2=hf\left(x_n+\dfrac{1}{2}h,y_n+\dfrac{1}{2}k_1\right) \\ k_3=hf\left(x_n+\dfrac{1}{2}h,y_n+\dfrac{1}{2}k_2\right) \\ k_4=hf(x_n+h,y_n+k_3) \end{cases}$$

开题可参考 BPEM 的相关代码 solve. f90 和 integration. f90，模式源代码下载地

址为 https://github.com/DwyaneChou/BPEM。

(2)采用平衡初值积分正压原始方程模式。假定大气运动水平无辐散,平衡方程可写为$(\nabla^2\psi)^2+2f\nabla^2\psi+2\nabla f\cdot\nabla\psi-2\nabla^2\Phi-A^2-B^2=0$,其中$\Phi$为重力位势,$A=\psi_{xx}-\psi_{yy}=\frac{\partial u}{\partial y}+\frac{\partial v}{\partial x}$,$B=2\psi_{xy}=-\frac{\partial u}{\partial x}+\frac{\partial v}{\partial y}$,$\psi$为流函数。该方程绝对涡度大于0的解为$\nabla^2\psi=-f+\sqrt{2\left(\nabla^2\Phi+\frac{1}{2}f^2-\nabla f\cdot\nabla\psi\right)+A^2+B^2}$。通过迭代求解由$\Phi$场求出$\psi$场。再根据下式计算无辐散风场。具体内容可参考《大气数值模式及模拟》(王澄海等,2011)第4.1.1节。

实习 11　正压原始方程模式的总能量守恒格式

11.1　实习目的

通过用正压原始方程模式进行预报实验，使学生进一步熟悉正压原始方程组的预报流程，掌握总能量守恒格式的基本原理及计算方法。

11.2　实习要求

编写运行正压原始方程模式总能量守恒格式的 MATLAB 程序，积分正压原始方程模式，进行 24 h 预报实验。撰写实习报告，分析正压原始方程模式总能量守恒格式与实测资料的异同，讨论正压原始方程模式的预报性能，提交实习报告及 MATLAB 语言实现的程序。要求学生在机房现场操作，实习教师随堂讲解和指导。

11.3　相关知识回顾

11.3.1　正压原始方程组的积分性质

用位势高度 z 代替重力位势 Φ，则正压原始方程可写为如下形式

$$\begin{cases}\dfrac{\partial u}{\partial t}+u\dfrac{\partial u}{\partial x}+v\dfrac{\partial u}{\partial y}-fv+g\dfrac{\partial z}{\partial x}=0 & (11.1)\\ \dfrac{\partial v}{\partial t}+u\dfrac{\partial v}{\partial x}+v\dfrac{\partial v}{\partial y}+fu+g\dfrac{\partial z}{\partial y}=0 & (11.2)\\ \dfrac{\partial z}{\partial t}+u\dfrac{\partial z}{\partial x}+v\dfrac{\partial z}{\partial y}+z\left(\dfrac{\partial u}{\partial x}+\dfrac{\partial v}{\partial y}\right)=0 & (11.3)\end{cases}$$

其中，式(11.3)可以改写为通量形式

$$\frac{\partial z}{\partial t}+\frac{\partial zu}{\partial x}+\frac{\partial zv}{\partial y}=0 \tag{11.4}$$

对式(11.4)做全球等压面积分，并应用二维散度定理，得

$$\frac{\partial}{\partial t}\int_S \rho z\,\mathrm{d}S=\frac{\partial M}{\partial t}=0 \tag{11.5}$$

其中 M 表示大气质量。式(11.5)表明正压原始方程模式中大气质量是守恒的。

对 x 方向的运动方程(11.1)乘以 z，通量形式的连续方程(11.4)乘以 u，两者相

加可得 x 方向上通量形式的运动方程

$$\frac{\partial zu}{\partial t}+\frac{\partial zuu}{\partial x}+\frac{\partial zvu}{\partial y}-zfv+gz\frac{\partial z}{\partial x}=0 \tag{11.6}$$

类似地，可得 y 方向上通量形式的运动方程

$$\frac{\partial zv}{\partial t}+\frac{\partial zuv}{\partial x}+\frac{\partial zvv}{\partial y}+zfu+gz\frac{\partial z}{\partial y}=0 \tag{11.7}$$

式(11.6)和式(11.7)分别代表单位面积空气柱在 x 方向和 y 方向上的动量变化。

根据通量形式的方程组，可进一步推导单位截面积气柱的动能变化方程。对 x、y 方向通量形式的运动方程分别乘以 u、v 相加后可得

$$\frac{\partial z\frac{u^2}{2}}{\partial t}+\frac{\partial zu\frac{u^2}{2}}{\partial x}+\frac{\partial zv\frac{u^2}{2}}{\partial y}-zfuv+gzu\frac{\partial z}{\partial x}=0 \tag{11.8}$$

$$\frac{\partial z\frac{v^2}{2}}{\partial t}+\frac{\partial zu\frac{v^2}{2}}{\partial x}+\frac{\partial zv\frac{v^2}{2}}{\partial y}+zfuv+gzv\frac{\partial z}{\partial y}=0 \tag{11.9}$$

式(11.8)与式(11.9)相加可得

$$\frac{\partial z\left(\frac{u^2}{2}+\frac{v^2}{2}\right)}{\partial t}+\frac{\partial zu\left(\frac{u^2}{2}+\frac{v^2}{2}\right)}{\partial x}+\frac{\partial zv\left(\frac{u^2}{2}+\frac{v^2}{2}\right)}{\partial y}+gzu\frac{\partial z}{\partial x}+gzv\frac{\partial z}{\partial y}=0 \tag{11.10}$$

记动能 $k=\frac{u^2}{2}+\frac{v^2}{2}$，则式(11.10)可写为

$$\frac{\partial zk}{\partial t}+\frac{\partial zuk}{\partial x}+\frac{\partial zvk}{\partial y}+gz\left(u\frac{\partial z}{\partial x}+v\frac{\partial z}{\partial y}\right)=0 \tag{11.11}$$

$$\frac{\partial zk}{\partial t}+\nabla\cdot(kz\boldsymbol{V})+gz\boldsymbol{V}\cdot\nabla z=0 \tag{11.12}$$

式(11.12)乘以密度 ρ，可得单位截面积气柱动能的变化方程

$$\frac{\partial \rho zk}{\partial t}+\nabla\cdot(\rho zk\boldsymbol{V})+\rho gz\boldsymbol{V}\cdot\nabla z=0 \tag{11.13}$$

将通量形式的连续方程式(11.4)乘以 gz，得

$$gz\frac{\partial z}{\partial t}+gz\frac{\partial zu}{\partial x}+gz\frac{\partial zv}{\partial y}=0 \tag{11.14}$$

式(11.14)可变形为

$$\frac{\partial}{\partial t}\left(\frac{1}{2}gz^2\right)+g\nabla(z^2\boldsymbol{V})-gz\boldsymbol{V}\cdot\nabla z=0 \tag{11.15}$$

式(11.15)进一步乘以密度 ρ，可得单位截面积气柱位能的变化方程

$$\frac{\partial}{\partial t}\left(\frac{1}{2}\rho gz^2\right)+\rho g\nabla(z^2\boldsymbol{V})-\rho gz\boldsymbol{V}\cdot\nabla z=0 \tag{11.16}$$

将单位截面积气柱的动能变化方程式(11.13)对全球等压面 S 积分可得

$$\int_S \frac{\partial \rho z k}{\partial t} \mathrm{d}S + \int_S \nabla \cdot (\rho z k \boldsymbol{V}) \mathrm{d}S + \int_S \rho g z \boldsymbol{V} \cdot \nabla z \mathrm{d}S = 0 \tag{11.17}$$

进一步应用二维散度定理，可得

$$\frac{\partial}{\partial t}\int_S \rho z k \,\mathrm{d}S = -\int_S \rho g z \boldsymbol{V} \cdot \nabla z \mathrm{d}S \tag{11.18}$$

取 $K = \int_S \rho z k \,\mathrm{d}S$ 表示全球总动能，则有

$$\frac{\partial K}{\partial t} = -\int_S \rho g z \boldsymbol{V} \cdot \nabla z \mathrm{d}S \tag{11.19}$$

同样，将单位截面积气柱的位能变化方程式（11.16）对全球等压面 S 积分

$$\int_S \frac{\partial}{\partial t}\left(\frac{1}{2}\rho g z^2\right)\mathrm{d}S + \int_S \rho g \ \nabla(z^2 \boldsymbol{V})\mathrm{d}S - \int_S \rho g z \boldsymbol{V} \cdot \nabla z \mathrm{d}S = 0 \tag{11.20}$$

应用二维散度定理可得

$$\frac{\partial}{\partial t}\int_S \left(\frac{1}{2}\rho g z^2\right)\mathrm{d}S = \int_S \rho g z \boldsymbol{V} \cdot \nabla z \mathrm{d}S \tag{11.21}$$

取 $P = \int_S \left(\frac{1}{2}\rho g \ z^2\right)\mathrm{d}S$ 表示表全球总位能，则有

$$\frac{\partial P}{\partial t} = \int_S \rho g z \boldsymbol{V} \cdot \nabla z \mathrm{d}S \tag{11.22}$$

将式（11.19）和式（11.22）相加，可得

$$\frac{\partial}{\partial t}(K+P) = 0 \tag{11.23}$$

因此，模式大气中全球总动能和总位能之和不随时间变化，即全球总能量守恒。值得注意的是，尽管总能量守恒，但模式大气中总能量和总位能之间还是可以互相转化的。大气中总动能和总位能之间的转化函数为

$$F = -\int_S \rho g z \boldsymbol{V} \cdot \nabla z \mathrm{d}S = -\int_S \rho z \boldsymbol{V} \cdot \nabla \Phi \mathrm{d}S \tag{11.24}$$

在平均状况下气流由高位势流向低位势，则气压场对整个模式大气作正功，$F>0$，全球总动能增加，总位能减少；反之，当气流由低位势流向高位势区，模式大气克服气压梯度力做功，$F<0$，全球总动能减少，总位能增加。

11.3.2　正压原始方程模式的总能量守恒格式

由前述分析结果可知，正压原始方程组具有全球总能量守恒的积分性质。具有这种积分特性的正压原始方程差分格式，称为正压原始方程模式的总能量守恒格式。为书写方便，将通量形式的正压原始方程组式（11.4）、式（11.6）和式（11.7）改写为

$$\begin{cases}\dfrac{\partial zu}{\partial t}+m^2\left[\dfrac{\partial}{\partial x}(uU)+\dfrac{\partial}{\partial y}(uV)\right]-f^* zv+mgz\dfrac{\partial z}{\partial x}=0 & (11.25)\\ \dfrac{\partial zv}{\partial t}+m^2\left[\dfrac{\partial}{\partial x}(vU)+\dfrac{\partial}{\partial y}(vV)\right]+f^* zu+mgz\dfrac{\partial z}{\partial y}=0 & (11.26)\\ \dfrac{\partial z}{\partial t}+m^2\left(\dfrac{\partial U}{\partial x}+\dfrac{\partial V}{\partial y}\right)=0 & (11.27)\end{cases}$$

式中 $U=\dfrac{zu}{m}$，$V=\dfrac{zv}{m}$。设动能 $k=\dfrac{u^2+v^2}{2}$，则式(11.25)乘以 u 与式(11.26)乘以 v 后相加的公式写为

$$u\frac{\partial zu}{\partial t}+v\frac{\partial zv}{\partial t}+um^2\left[\frac{\partial}{\partial x}(uU)+\frac{\partial}{\partial y}(uV)\right]+vm^2\left[\frac{\partial}{\partial x}(vU)+\frac{\partial}{\partial y}(vV)\right]+$$

$$umgz\frac{\partial z}{\partial x}+vmgz\frac{\partial z}{\partial y}=0 \tag{11.28}$$

整理方程各项

$$u\frac{\partial zu}{\partial t}=u\left(u\frac{\partial z}{\partial t}+z\frac{\partial u}{\partial t}\right)=u^2\frac{\partial z}{\partial t}+uz\frac{\partial u}{\partial t}=u^2\frac{\partial z}{\partial t}+z\frac{\partial}{\partial t}\left(\frac{u^2}{2}\right)$$

$$=\left[\frac{u^2}{2}\frac{\partial z}{\partial t}+z\frac{\partial}{\partial t}\left(\frac{u^2}{2}\right)\right]+\frac{u^2}{2}\frac{\partial z}{\partial t}=\frac{\partial}{\partial t}\left(z\frac{u^2}{2}\right)+\frac{u^2}{2}\frac{\partial z}{\partial t} \tag{11.29}$$

类似地，可以获得

$$v\frac{\partial zv}{\partial\partial t}=\frac{\partial}{\partial t}\left(z\frac{v^2}{2}\right)+\frac{v^2}{2}\frac{\partial z}{\partial t} \tag{11.30}$$

式(11.29)与式(11.30)相加，则有

$$u\frac{\partial zu}{\partial t}+v\frac{\partial zv}{\partial t}=\frac{\partial}{\partial t}\left[z\left(\frac{u^2}{2}+\frac{v^2}{2}\right)\right]+\frac{u^2}{2}\frac{\partial z}{\partial t}+\frac{v^2}{2}\frac{\partial z}{\partial t}=\frac{\partial}{\partial t}(zk)+k\frac{\partial z}{\partial t} \tag{11.31}$$

$$um^2\left[\frac{\partial}{\partial x}(uU)+\frac{\partial}{\partial y}(uV)\right]+vm^2\left[\frac{\partial}{\partial x}(vU)+\frac{\partial}{\partial y}(vV)\right]$$

$$=\left[um^2\frac{\partial}{\partial x}(uU)+vm^2\frac{\partial}{\partial x}(vU)\right]+\left[um^2\frac{\partial}{\partial y}(uV)+vm^2\frac{\partial}{\partial y}(vV)\right]$$

$$=m^2\frac{\partial}{\partial x}\left[\left(\frac{u^2}{2}+\frac{v^2}{2}\right)U\right]+m^2\left(\frac{u^2}{2}+\frac{v^2}{2}\right)\frac{\partial U}{\partial x}+$$

$$m^2\frac{\partial}{\partial y}\left[\left(\frac{u^2}{2}+\frac{v^2}{2}\right)V\right]+m^2\left(\frac{u^2}{2}+\frac{v^2}{2}\right)\frac{\partial V}{\partial y}$$

$$=m^2\frac{\partial}{\partial x}(kU)+m^2k\frac{\partial U}{\partial x}+m^2\frac{\partial}{\partial y}(kV)+m^2k\frac{\partial V}{\partial y} \tag{11.32}$$

式(11.27)乘以 k 后可写为

$$k\frac{\partial z}{\partial t}+km^2\left(\frac{\partial U}{\partial x}+\frac{\partial V}{\partial y}\right)=0 \tag{11.33}$$

将式(11.31)～(11.33)代入式(11.28)式，容易获得

$$\frac{\partial}{\partial t}(kz)=-m^2\left[\frac{\partial}{\partial x}(kU)+\frac{\partial}{\partial y}(kV)\right]-m^2g\left(U\frac{\partial z}{\partial x}+V\frac{\partial z}{\partial y}\right)=0 \quad (11.34)$$

$$\frac{\partial}{\partial t}(zk)+m^2\frac{\partial}{\partial x}(kU)+m^2\frac{\partial}{\partial y}(kV)+mgz\left(u\frac{\partial z}{\partial x}+v\frac{\partial z}{\partial y}\right)=0 \quad (11.35)$$

式(11.35)即为模式大气中单位截面积气柱动能变化方程。

将式(11.27)乘以 gz 后,可得

$$gz\frac{\partial z}{\partial t}+m^2gz\left(\frac{\partial U}{\partial x}+\frac{\partial V}{\partial y}\right)=\frac{\partial}{\partial t}\left(\frac{gz^2}{2}\right)+m^2gz\left(\frac{\partial U}{\partial x}+\frac{\partial V}{\partial y}\right)=0 \quad (11.36)$$

式(11.36)即为模式大气中单位截面积气柱重力位能变化方程。把式(11.35)和式(11.36)相加,可得

$$\frac{\partial}{\partial t}\left[\left(k+\frac{1}{2}gz\right)z\right]=-m^2\left[\frac{\partial}{\partial x}(kU)+\frac{\partial}{\partial y}(kV)\right]-m^2g\left[\frac{\partial}{\partial x}(zU)+\frac{\partial}{\partial y}(zV)\right] \quad (11.37)$$

将式(11.37)对全球等压面积分,得到

$$\frac{\partial}{\partial t}\int_S\left(k+\frac{1}{2}gz\right)z\,\mathrm{d}S=-\int_S m^2\left[\frac{\partial}{\partial x}(kU)+\frac{\partial}{\partial y}(kV)\right]\mathrm{d}S-\int_S m^2g\left[\frac{\partial}{\partial x}(zU)+\frac{\partial}{\partial y}(zV)\right]\mathrm{d}S \quad (11.38)$$

应用二维散度定理可将上式简化为

$$\frac{\partial}{\partial t}\int_S\left(k+\frac{1}{2}gz\right)z\,\mathrm{d}S=0 \quad (11.39)$$

式(11.39)即为正压原始方程组的总能量守恒方程,它与方程(11.23)相同。分析方程式(11.38)可知,其右端第一项为动能的通量散度,它是由运动方程中的非线性平流项与连续方程中的辐散项合并而成,其面积分为零;第二项为位能通量散度,它是由运动方程中的气压梯度力项与连续方程中的辐散项合并而成,其面积分也为零。因此,总能量守恒的差分方程组中相应项的组合也应该满足这些条件。可以证明,通量形式的正压原始方程模式的总能量守恒格式为

$$\begin{cases}(\overline{zu^t})_t+m_{i,j}^2[(\overline{u}^x\overline{U}^x)_x+(\overline{u}^y\overline{V}^y)_y]-\tilde{f}_{i,j}^*z\,v_{i,j}+m_{i,j}g\,z_{i,j}\overline{z}_x^x=0 & (11.40)\\(\overline{zv^t})_t+m_{i,j}^2[(\overline{v}^x\overline{U}^x)_x+(\overline{v}^y\overline{V}^y)_y]+\tilde{f}_{i,j}^*z\,u_{i,j}+m_{i,j}g\,z_{i,j}\overline{z}_y^y=0 & (11.41)\\\overline{z}_t^t+m_{i,j}^2(\overline{U}_x^x+\overline{V}_y^y)=0 & (11.42)\end{cases}$$

证明过程参照式(11.39)的推导过程,首先将式(11.40)乘以 u,将式(11.41)乘以 v 后相加,再减去式(11.42)与$(k-gz)$的乘积,可获得差分形式的总能量方程为

$$\sum_{i,j}[u_{i,j}\,\overline{(zu)}_t^t+v_{i,j}\,\overline{(zv)}_t^t-k\,\overline{z}_t^t+g\,z_{i,j}\,\overline{z}_t^t]\Delta S$$
$$=\sum_{i,j}\{-m_{i,j}^2\,u_{i,j}[(\overline{u}^x\,\overline{U}^x)_x+(\overline{u}^y\,\overline{V}^y)_y]-$$

$$m_{i,j}g\,z_{i,j}\,u_{i,j}\,\overline{z}_x^x - m_{i,j}^2\,v_{i,j}[(\overline{v}^x\,\overline{U}^x)_x + (\overline{v}^y\,\overline{V}^y)_y] -$$

$$m_{i,j}g\,z_{i,j}\,v_{i,j}\,\overline{z}_y^y + m_{i,j}^2 k(\overline{U}_x^x + \overline{V}_y^y) - m_{i,j}^2 g\,z_{i,j}(\overline{U}_x^x + \overline{V}_y^y)\} \tag{11.43}$$

式中 $i=2,3,\cdots,M-1$，$j=2,3,\cdots,N-1$，$\Delta S=d^2/m_{i,j}^2$ 为面积元，$k=\frac{u_{i,j}^2+v_{i,j}^2}{2}$。应用下列关系式

$$\begin{cases}\sum\limits_{i,j} u_{i,j}\,(\overline{u}^x\,\overline{U}^x)_x\Delta S = \sum\limits_{i,j}\frac{u_{i,j}^2}{2}\overline{U}_x^x\Delta S & (11.44)\\ \sum\limits_{i,j} v_{i,j}\,(\overline{v}^x\,\overline{U}^x)_x\Delta S = \sum\limits_{i,j}\frac{v_{i,j}^2}{2}\overline{U}_x^x\Delta S & (11.45)\end{cases}$$

并采用边界条件

$$\begin{cases}\overline{U}_{1\frac{1}{2},j}^x=0 & \overline{U}_{M-\frac{1}{2},j}^x=0\\ \overline{V}_{1\frac{1}{2},j}^x=0 & \overline{V}_{M-\frac{1}{2},j}^x=0\end{cases} \tag{11.46}$$

则动能的能量散度项对区域 S 内所有网格点求和为零，即

$$\sum_{i,j} -m_{i,j}^2\left[u_{i,j}\,(\overline{u}^x\,\overline{U}^x)_x + v_{i,j}\,(\overline{v}^x\,\overline{U}^x)_x - \frac{1}{2}(u_{i,j}^2+v_{i,j}^2)\overline{U}_x^x\right]\Delta S = 0 \tag{11.47}$$

$$\sum_{i,j} -m_{i,j}^2\left[u_{i,j}\,(\overline{u}^y\,\overline{V}^y)_y + v_{i,j}\,(\overline{v}^y\,\overline{V}^y)_y - \frac{1}{2}(u_{i,j}^2+v_{i,j}^2)\overline{V}_y^y\right]\Delta S = 0 \tag{11.48}$$

同样，应用下列关系式

$$\sum_{i,j} m_{i,j}g\,z_{i,j}\,u_{i,j}\,\overline{z}_x^x\Delta S = \sum_{i,j} m_{i,j}^2 g\,U_{i,j}\,\overline{z}_x^x\Delta S \tag{11.49}$$

并采用边界条件式(11.46)，有

$$\begin{aligned}&\sum_{i,j} -m_{i,j}g\,z_{i,j}\,u_{i,j}\,\overline{z}_x^x\Delta S - \sum_{i,j} m_{i,j}^2\,z_{i,j}g\,\overline{U}_x^x\Delta S\\ &= \sum_{i,j} -m_{i,j}^2[g\,U_{i,j}\,\overline{z}_x^x + g\,z_{i,j}\,\overline{U}_x^x]\Delta S = 0\end{aligned} \tag{11.50}$$

$$\begin{aligned}&\sum_{i,j} -m_{i,j}g\,z_{i,j}\,V_{i,j}\,\overline{z}_y^y\Delta S - \sum_{i,j} m_{i,j}^2\,z_{i,j}g\overline{V}_y^y\Delta S\\ &= \sum_{i,j} -m_{i,j}^2[g\,V_{i,j}\,\overline{z}_y^y + g\,z_{i,j}\,\overline{V}_y^y]\Delta S = 0\end{aligned} \tag{11.51}$$

式(11.50)和式(11.51)表明位能通量散度项对区域 S 内的所有网格点求和也为零。于是，式(11.43)化简为

$$\sum_{i,j}[u_{i,j}\,\overline{(zu)}_t^t + v_{i,j}\,\overline{(zv)}_t^t - k\,\overline{z}_t^t + g\,z_{i,j}\,\overline{z}_t^t]\Delta S = 0 \tag{11.52}$$

式(11.52)表明，差分方程组(11.40)～(11.42)是通量形式的正压原始方程模式的总能量守恒格式。值得注意的是，在构造正压原始方程组的总能量守恒格式时，运

动方程中的非线性平流项，气压梯度力项的格式与连续方程中散度项的格式必须相互协调，否则将破坏总能量守恒的积分性质。

11.4　实习内容

已知预报区域有 $N\times M$ 个网格点，采用兰勃特投影方式，以 1979 年 1 月 10 日 00 时欧洲中心 ERA5 再分析资料 500 hPa 位势高度和地转风作为初始场，采用总能量守恒格式(11.40)～(11.42)积分正压原始方程模式进行 24 h 预报，并利用均方根误差(RMSE)讨论正压原始方程模式的预报性能。

$$RMSE=\sqrt{\left[\sum_{i=1}^{n}(\hat{y}_i-y_i)^2\right]\Big/n} \tag{11.53}$$

式(11.53)中 $\hat{y}_i$ 代表模拟结果，y_i 代表观测数据，n 代表格点数。

实验步骤及程序示例

`function [Uc,Vc,zc] = ti_total_energy_conservation(Ua,Va,za,Ub,Vb,zb,rm,f,d,dt,m,n)`	定义总能量守恒格式积分子程序(ti_total_energy_conservation)，输入第 $n-1$ 时间层的纬向风(Ua)、经向风(Va)、重力位势高度(za)，第 n 时间层的纬向风(Ub)、经向风(Vb)、重力位势高度(zb)、地图放大系数(rm)、地转参数(f)、网格距(d)、积分步长(dt)、纬向维数(m)和经向维数(n)

`c=0.25/d;`
`m1=m-1;`
`n1=n-1;`
`Uc=zeros(size(Ub));`
`Vc=zeros(size(Vb));`
`zc=zeros(size(zb));`
	定义计算参数和工作数组

`ub=Ub.*rm./zb;` `vb=Vb.*rm./zb;`	根据公式 $U=\frac{zu}{m}$，$V=\frac{zv}{m}$ 计算 U 和 V 并保存为 ub 和 vb

续表

10	for i=2:m1	
11	for j=2:n1	
12	e=-c*rm(i,j)^2*((Ub(i+1,j)+Ub(i,j))*(ub(i+1,j)- ub(i,j))+(Ub(i,j)+Ub(i-1,j))*(ub (i,j)-ub(i-1,j)) +(Vb(i,j-1)+Vb(i,j))*(ub(i,j)-ub (i,j-))+(Vb(i,j)+Vb(i,j+1)) *(ub(i,j+1)-ub(i,j)) +19.6*zb(i,j)*(zb(i+1,j)-zb(i-1,j))+ 2*ub(i,j)*(Ub(i+1,j)-Ub(i-1,j))+ 2*ub(i,j)*(Vb(i,j+1)-Vb(i,j-1))) +f(i,j)*zb(i,j)*vb(i,j);	以实习10相同的方式积分总能量守恒格式式(11.40)和式(11.41),计算各格点上的纬向风(Uc)、经向风(Vc)
13	Uc(i,j)=Ua(i,j)+e*dt;	
14	g=-c*rm(i,j)^2 *((Ub(i+1,j)+Ub(i,j))*(vb(i+ 1,j)-vb(i,j))+(Ub(i,j)+Ub(i-1,j))*(vb(i,j)- vb(i-1,j))+(Vb(i,j-1)+Vb(i,j))*(vb(i,j)-vb (i,j-1))+(Vb(i,j)+Vb(i,j+1))*(vb(i,j+1)-vb (i,j))+19.6*zb(i,j)*(zb(i,j+1)-zb(i,j-1))+2 *vb(i,j)*(Ub(i+1,j)-Ub(i-1,j))+2*vb(i,j) *(Vb(i,j+1)-Vb(i,j-1)))-f(i,j)*zb(i,j)*ub (i,j);	
15	Vc(i,j)=Va(i,j)+g*dt;	
16	end	
17	end	
17	for i=2:m1	
18	for j=2:n1	
19	h=-2*c*rm(i,j)^2*(Ub(i+1,j)-Ub(i -1,j)+Vb(i,j+1)-Vb(i,j-1));	根据式(11.42)计算重力位势高度(zc)
20	zc(i,j)=za(i,j)+h*dt;	
21	end	
22	end	

示例程序为 ti_total_energy_conservation.m。

1	RMSE=sqrt(sum((reshape(zc,m*n,1)-reshape(z_a,m*n,1)).^2)/m/n);	zc 代表模拟结果,z_a 代表观测数据,m 和 n 分别表示经向和纬向格点数

计算得到的均方根误差为 RMSE。

正压原始方程模式总能量守恒格式预报实验采用 1979 年 1 月 10 日 00 时欧洲中心 ERA5 再分析资料，以其中的 500 hPa 重力位势高度场和水平风场作为初始场，模式积分 24 h 后重力位势高度场的空间分布如图 11.1 所示。

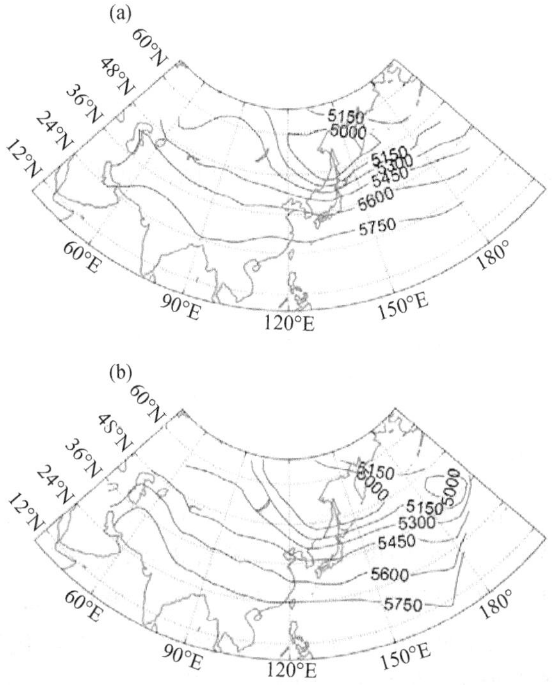

图 11.1　500 hPa 重力位势高度场的空间分布图

(a)ERA5 再分析资料；(b)正压原始方程模式的 24 h 预报结果

习题

改变初始预报时刻为 1979 年 6 月 2 日 00 时，进行 24 h 天气预报，讨论预报初值对正压原始方程模式预报效果的影响。

实习12 单重区域的WRF模拟实验

12.1 实习目的

掌握WRF模式的基本使用方法、WRF数值模拟试验的设计思路和分析WRF数值模拟结果的方法。

12.2 实习要求

在Linux环境下编译WRF模式及其相关程序,撰写实习报告。要求学生在机房现场操作,实习教师随堂讲解和指导。Linux环境运行提倡Ubuntu或CentOS。

12.3 相关知识回顾

WRF数值模式是由美国国家环境预报中心(NCEP)、美国国家大气研究中心(NCAR)等研究机构联合开发的中尺度天气预报模式,是当今最有代表性的区域气候模式之一,它适用于有限区域和全球尺度的数值模拟(Skamarock等,2019)。WRF模式的研发迄今已有近20年的历史,是为数不多的开源代码数值模式。目前WRF模式的最新版本为WRF-4.x。WRF模式流程图如图12.1所示。WRF模式适用于多种应用情景,尺度范围从几米一直到几千米,常见的应用包括理想化模拟(大涡模拟、对流、斜压波)、数据同化研究、参数化研究、天气预报研究等方面。目前NCAR的中小尺度气象处负责对包括WRF软件框架、WRF—ARW动力解算器(包括单向、双向和移动嵌套)、前处理系统WPS、数据同化系统WRFDA(支持三维变分同化、四维变分同化和混合数据同化)、物理参数化软件包和图像显示工具等进行更新和维护。WRF模式代码大部分用Fortran 90编写,WRF与WRFDA之间的软件层RSL以及MPI并行界面用C编写。模式编译所需的脚本语言包括perl、C shell和Bourne shell,以及make,M4,sed,awk,等命令。WRF模式应用继承式软件设计、分级并行分解算法、多级并行分解算法、选择式软件管理工具、中间软件包(连接信息交换、输入/输出以及其他外部软件包)结构,此外还引入了先进的数值计算和资料同化技术、多重嵌套网格性能以及更为完善的物理过程。WRF模式的软件结构分为三层:驱动层、中间层和模式层。这种设计使得物理过程参数化方案的移植相对容易。

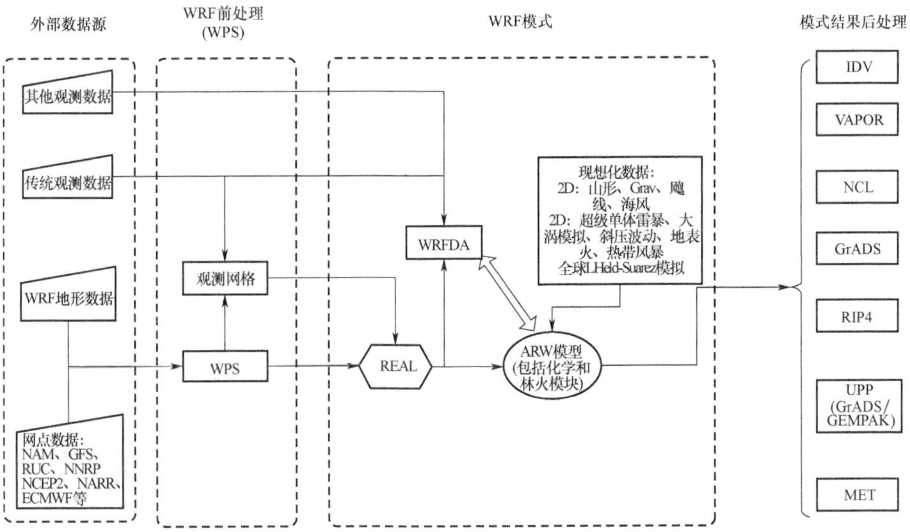

图 12.1 WRF 模式的运算流程图

WRF 的前处理系统 WPS 主要用于实测数据处理。它的作用是定义模拟区域，并将地形、土地利用、土壤类型、气象再分析等资料插值到模拟区域上。WPS 可处理的数据有 GRIB1 或 GRIB2 格式的气象资料、美国地质勘探局（USGS）24 类和中分辨率成像光谱仪（MODIS）20 类土地覆盖植被数据、全球的高程数据集 GMTED2010、联合国粮食农业组织（FAO）数据集、北美 STATSGO 土壤类型数据集、MODIS 植被指数、反照率、土壤温度数据等。WPS 地图投影选项主要包括极射赤面投影、兰勃特正形圆锥投影、麦卡托投影和经纬度投影。不同的模拟区域可设置不同的标准纬度。

WRF 模式为完全可压缩的非静力模式，采用通量形式的控制方程组，预报变量采用标量守恒通量格式。WRF 模式在水平方向采用 Arakawa C 跳点格式，热力学变量和水汽变量定义在整数格点上，风速 u,v,ω 交错排列在 1/2 网格上。这样交错排列可提高数值计算精度，例如，ω 与 u,v 在垂直方向上相差半个格距使得连续方程求解 ω 的计算精度更高。垂直方向可选用地形追随 σ 垂直坐标，垂直网格距能随高度变化。从 WRF 第 4 版开始，模式垂直坐标引入 $\sigma-p$ 混合坐标系式(12.1)。

$$p_d = B(\eta)(p_s - p_t) + [\eta - B(\eta)](p_0 - p_t) + p_t \tag{12.1}$$

其中p_0代表参考海平面气压，p_d代表干空气气压的静力学部分，p_s代表地表气压，p_t代表大气层顶气压，η 代表模式垂直坐标，$B(\eta)$代表传统地形追随σ 坐标向 p 坐标过渡的相对权重，当 $B(\eta)=\eta$ 时相当于σ 坐标，而当 $B(\eta)=0$ 时相当于 p 坐标。为实现地表σ 坐标向高层 p 坐标平滑过渡，采用三阶多项式定义 $B(\eta)$:

$$B(\eta)=c_1+c_2\eta+c_3\eta^2+c_4\eta^3 \tag{12.2}$$

式(12.2)中$c_1=\dfrac{2\eta_c^2}{(1-\eta_c)^3}$，$c_2=\dfrac{-\eta_c(4+\eta_c+\eta_c^2)}{(1-\eta_c)^3}$，$c_3=\dfrac{2(1+\eta_c+\eta_c^2)}{(1-\eta_c)^3}$，$c_4=\dfrac{-(1+\eta_c)}{(1-\eta_c)^3}$，$\eta_c$为指定的$\sigma$坐标转变为$p$坐标的高度值。$B$满足边界条件为$B(1)=1$，$B_\eta(1)=1$，$B(0)=0$，$B_\eta(0)=0$(下标$\eta$代表微分)。采用混合$\sigma-p$坐标系能够更为迅速地消除地形对模式中高层起伏变化的影响(图12.2)。

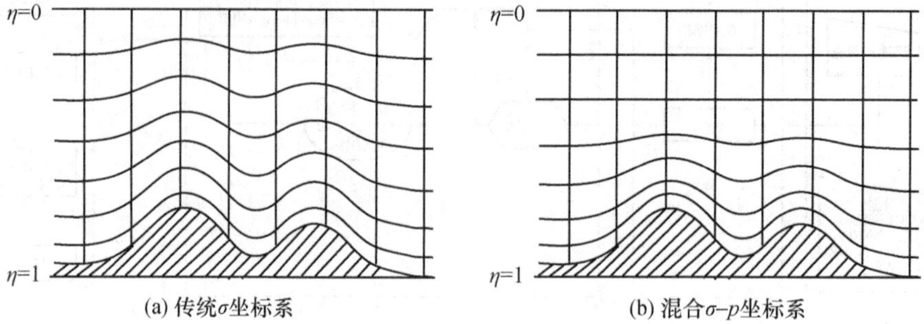

图 12.2 WRF模式的垂直坐标示意图(Skamarock et al. 2019)

模式垂直坐标可定义为

$$\mu_d=\frac{\partial p_d}{\partial\eta}=B_\eta(\eta)(p_s-p_t)+[1-B_\eta(\eta)](p_0-p_t) \tag{12.3}$$

由于$\mu_d\Delta\eta=\Delta p_d=-g\rho_d\Delta z$与格点内单位面积空气质量成正比，预报变量通量形式可定义为

$$V=\mu_d\mathbf{V}=(U,V,W),\Omega=\mu_d\omega,\Theta_m=\mu_d\theta_m,Q_m=\mu_d q_m \tag{12.4}$$

式中Θ_m为湿位温通量，Q_m为比湿通量，(U,V,W)为速度通量，$v=(u,v,\omega)$为三维风矢量，$\omega=\dot{\eta}$为垂直速度，$\theta_m=\theta(1+(R_v/R_d)q_v)$为湿位温，$q_m=q_v,q_c,q_r\cdots$代表水汽、云水含量、雨水等湿变量的混合比。虽然重力位势$\phi=gz$也是预报变量，但$\mu_d\phi$不是守恒量，因此没有写成通量形式。基于以上定义的通量形式预报变量，模式控制方程组可写为

$$\begin{cases}\partial_t U+(\nabla\cdot\mathbf{V}u)+\mu_d\alpha\,\partial_x p+(\alpha/\alpha_d)\partial_\eta p\,\partial_x\phi=F_U & (12.5)\\ \partial_t V+(\nabla\cdot\mathbf{V}v)+\mu_d\alpha\,\partial_y p+(\alpha/\alpha_d)\partial_\eta p\,\partial_y\phi=F_V & (12.6)\\ \partial_t W+(\nabla\cdot\mathbf{V}\omega)-g[(\alpha/\alpha_d)\partial_\eta p-\mu_d]=F_W & (12.7)\\ \partial_t\Theta_m+(\nabla\cdot\mathbf{V}\theta_m)=F_{\Theta_m} & (12.8)\\ \partial_t\mu_d+(\nabla\cdot\mathbf{V})=0 & (12.9)\\ \partial_t\phi+\mu_d^{-1}[(\mathbf{V}\cdot\nabla\phi)-gW]=0 & (12.10)\\ \partial_t Q_m+(\nabla\cdot\mathbf{V}q_m)=F_{Q_m} & (12.11)\end{cases}$$

式其F_U、F_V、F_W、F_{Θ_m}代表模式物理过程、湍流混合、球面投影和地球自转过程相关的

强迫项，下标 x,y,η 和 t 代表对相应变量进行微分。梯度算符定义如下

$$\nabla \cdot \mathbf{V}a = \partial_x(Ua) + \partial_y(Va) + \partial_\eta(\Omega a) \tag{12.12}$$

$$\mathbf{V} \cdot \nabla a = U\partial_x a + V\partial_y a + \Omega\partial_\eta a \tag{12.13}$$

其中 a 代表通用变量。模式控制方程组中干空气质量、风速(u,v,ω)，位温和重力位势为预报变量。对于气温、气压和空气密度等非守恒量，则通过诊断相应的守恒变量来计算。求解干空气气压的诊断方程为

$$\partial_\eta \phi = -\alpha_d \mu_d \tag{12.14}$$

求解湿空气气压的诊断关系式为

$$p = p_0\left(\frac{R_d\theta_m}{p_0\alpha_d}\right)^\gamma \tag{12.15}$$

在方程(12.5)～(12.15)中，$\alpha_d = 1/\rho_d$ 为干空气密度的倒数，$\alpha = \alpha_d(1+q_v+q_c+q_r+q_i+\cdots)$ 代表湿空气密度，$\gamma = c_p/c_v = 1.4$ 为干空气热容量之比，R_d 为干空气气体常数，p_0 为参考海平面气压(通常为 10^5 Pa)。由于气压是预报变量不是守恒变量，在确定预报方程组时不能用气压预报方程(Laprise，1992)

$$\frac{\mathrm{d}p}{\mathrm{d}t} + \frac{C_p p}{C_v}D_3 = \frac{Qp}{C_v T} \tag{12.16}$$

其中 $D_3 = \nabla_\pi \cdot \mathbf{V} + \rho(\nabla_\pi \varphi) \cdot \left(\frac{\partial \mathbf{V}}{\partial \pi}\right) - \rho g\frac{\partial \omega}{\partial \pi}$，$\pi$ 表示流体静压。干空气气压诊断方程没有静力约束条件的限制，相对于非静力平衡方程(12.7)，完全静力平衡方程可写为 $\partial_\eta p = \mu_d\alpha_d/\alpha$。若将此式代替式(12.7)，则模式结果是静力平滑约束条件下的数值解。WRF 模式的动力内核包括完整的科里奥利力和曲率项，动力解算器采用 Runge-Kutta 二阶或三阶积分，水平和垂直方向上采用 2-6 阶平流方案，对声波和重力波模态采用时间分离的短时间步长。

WRF 支持双向嵌套、多重嵌套和移动嵌套，可选择单调输送和正定平流方案，加权基本无振荡(WENO)平流格式，大气上边界吸收和雷诺阻尼，侧边界条件可设为理想状况(周期、对称和开放辐射)和实测情形。对于海气交界面上大气下边界数据的更新，可使用定常或时变海表温度(SST)数据，也可耦合海洋环流模式成为区域海气耦合模式。WRF 初始化过程可选择 Lanczos、Hamming、Blackman 等八个不同的数字滤波器进行模式初始化。WRF 在积分过程中可选择谱逼近或格点逼近，使模式输出结果趋向于该时刻的观测值或再分析值。目前 WRF 模式的物理过程参数化方案主要包括微物理过程、积云对流、辐射传输、行星边界层、陆面过程、城市冠层、次网格扩散、工业排放、地面灌溉等，主要参数化方案选项及参考文献列于表 12.1。

表 12.1 WRF 模式中的主要物理参数化方案

物理过程	参数化方案选项	参考文献
云微物理过程	Kessler	Kessler,1969
	Purdue Lin	Chen and Sun,2002
	WSM3	Hong et al,2004
	WSM5	Hong et al,2004
	Eta(Ferrier)	Rogers et al,2001
	WSM6	Hong and Lim, 2006
	Goddard 4-ice	Tao et al,1989,2016
	Thompson	Thompson et al,2008
	Milbrandt-Yau Double Moment	Milbrandt and Yau,2005a,b
	Morrison 2-moment	Morrison et al,2009
	CAM 5.1	Neale et al,2012
	SBU－YLin	Lin and Colle,2011
	WDM5	Lim and Hong,2010
	WDM6	Lim and Hong,2010
	NSSL 2-moment	Mansell et al,2010
	NSSL 1-moment 7-class	Mansell et al,2010
	WSM7	Bae et al,2019
	WDM7	Bae et al,2019
	Thompson aerosolaware	Thompson and Eidhammer,2014
	HUJI SBM'fast'	Khain et al,2010
	HUJI SBM full	Khain et al,2004
	P3	Morrison and Milbrandt,2015
	Jensen ISHMAEL	Jensen et al,2017
行星边界层	Yonsei University Scheme(YSU)	Hong et al,2006
	Mellor-Yamada-Janjić Scheme(MYJ)	Janjić,1994
	NCEP Global Forecast System Scheme	Hong et al,1996
	Quasi-normal Scale Elimination(QNSE)Scheme	Sukoriansky et al,2005
	Mellor-Yamada Nakanishi Niino(MYNN)Level 2.5 and Level 3 Schemes	Nakanishi and Niino, 2006, 2009; Olson et al,2019
	Asymmetric Convection Model 2 Scheme(ACM2)	Pleim,2007
	Bougeault-Lacarrere Scheme(BouLac)	Bougeault and Lacarrere,1989
	University of Washington (TKE) Boundary Layer Scheme	Bretherton and Park,2009

续表

物理过程	参数化方案选项	参考文献
行星边界层	TEMF Scheme	Angevine et al,2010
	Shin—Hong Scale-aware Scheme	Shin and Hong,2015
	Grenier-Bretherton-McCaa Scheme	Grenier and Bretherton,2001
	MRF Scheme	Hong and Pan,1996
	Gravity Wave Drag	Hong et al, 2008; Kim and Arakawa,1995;Choi and Hong,2015
	Wind-farm(drag)Surface Layer Parameterization Scheme	Fitch et al,2012
	FogDES Scheme	Katata,2014
积云对流	Kain-Fritsch	Kain,2004
	Betts-Miller-Janjić	Janjić,1994,2000
	Grell-Freitas	Grell and Freitas,2014
	Old Simplied Arakawa-Schubert	Pan and Wu,1995
	Grell-3	Grell,1993;Grell and Devenyi,2002
	Tiedtke	Tiedtke,1989;Zhang et al,2011
	Zhang-McFarlane	Zhang and McFarlane,1995
	KF-CuP	Berg et al,2013
	Multi-scale KF	Zheng et al,2016
	KIAPS SAS	Han and Pan, 2011; Kwon and Hong,2017
	New Tiedtke	Zhang and Wang,2017
	New SAS(HWRF)	Han and Pan,2011
	Grell-Devenyi	Grell and Devenyi, 2002
	Old Kain-Fritsch	Kain and Fritsch, 1990
浅对流	University of Washington Scheme	Parkand Bretherton,2009
	Global/Regional Integrated Modeling System (GRIMS)Scheme	Hong and Jang,2018
	Deng Scheme	Deng et al,2003

续表

物理过程	参数化方案选项	参考文献
短波辐射	Dudhia	Dudhia,1989
	Goddard	Chou and Suarez, 1999; Matsui et al,2018
	CAM	Collins et al,2004
	RRTMG	Iacono et al,2008
	New Goddard	Chou and Suarez, 1999; Chou et al,2001
	Fu-Liou-Gu(FLG)	Gu et al,2011;Fu et al,1992
	RRTMGK	Baek,2017
	GFDL	Fels and Schwarzkopf,1981
长波辐射	RRTM	Mlawer et al,1997
	CAM	Collins et al,2004
	RRTMG	Iacono et al,2008
	New Goddard	Chou and Suarez, 1999; Chou et al,2001
	Fu-Liou-Gu(FLG)	Gu et al,2011;Fu et al,1992
	RRTMG-K	Baek,2017
	GFDL	Fels and Schwarzkopf,1981
陆面过程	5-layer Thermal Diffusion Scheme	Dudhia,1996
	Unified Noah land-surface model	Tewari et al,2004
	RUC land-surface model	Benjamin et al,2004
	Noah-MP land-surface model	Niu et al,2011;Yang et al,2011
	CLM4	Oleson et al, 2010; Lawrence et al, 2011; Jin and Wen, 2012; Lu and Kueppers,2012;Subin et al,2011
	Pleim-Xiu Land Surface Model	Noilan and Planton, 1989; Pleim and Xiu,1995;Xiu and Pleim,2001; Pleim and Xiu,2003;Pleim and Gilliam,2009;Gilliam and Pleim,2010
	Simplified Simple Biosphere(SSiB)	Xue et al,1991;Sun and Xue,2001
	University of Arizona Snow Physics for Noah	Wang et al,2010
	Sub-tiling option for Noah LSM	Li et al,2013

12.4　实习内容

以 2016 年 5 月 ERA5 的逐 6 h 再分析资料作为初始场，对东亚地区进行 1 个月的模拟实验。撰写实习报告，介绍实验流程和相应的程序代码，分析 WRF 模式的模拟效果。

实验步骤及程序示例

(1)在 Linux 环境下编译 WRF 模式

关于 WRF 模式可参考官网指南（https://www2.mmm.ucar.edu/wrf/users/）和相关文献（https://journals.ametsoc.org/bams/article/98/8/1717/216092/The-Weather-Research-and-Forecasting-Model）。推荐使用 intel 编译器和 intelmpi 来编译模式。根据用户指南安装并配置所需的 zlib，netcdf，jasper，libpng 等程序。

设置环境变量 NETCDF 至安装目录，例如：

```
export NETCDF=/opt/software/netcdf-intel
```

设置 JASPER 和 LIBPNG 的环境变量，例如：

```
export LDFLAGS=-L/opt/software/libpng-intel/lib
export CPPFLAGS=-I/opt/software/libpng-intel/include
export JASPERLIB=/opt/software/jasper-intel/lib
export JASPERINC=/opt/software/jasper-intel/include
```

打开 WRF/arch 文件夹下的 configure.defaults，找到相应的编译器片段，修改 DM_FC 和 DM_CC，例如：

```
DM_FC=mpiifort
DM_CC=mpiicc
```

如果需要使 WRF 按照 grib2 格式输出，修改 arch/Config.pl，

```
$I_really_want_to_output_grib2_from_WRF="TRUE"
```

否则，WRF 按照默认 grib1 格式输出。

运行 configure 编译 WRF，

```
./configure
```

在下面编译模式选项中，选择分布式内存(dmpar)编译模式：

```
---------------------------------------------------------------------
Please select from among the following Linux x86_64 options:

  1. (serial)   2. (smpar)   3. (dmpar)   4. (dm+sm)   PGI (pgf90/gcc)
  5. (serial)   6. (smpar)   7. (dmpar)   8. (dm+sm)   PGI (pgf90/pgcc): SGI MPT
  9. (serial)  10. (smpar)  11. (dmpar)  12. (dm+sm)   PGI (pgf90/gcc): PGI accelerator
 13. (serial)  14. (smpar)  15. (dmpar)  16. (dm+sm)   INTEL (ifort/icc)
                                         17. (dm+sm)   INTEL (ifort/icc): Xeon Phi (MIC architecture)
 18. (serial)  19. (smpar)  20. (dmpar)  21. (dm+sm)   INTEL (ifort/icc): Xeon (SNB with AVX mods)
 22. (serial)  23. (smpar)  24. (dmpar)  25. (dm+sm)   INTEL (ifort/icc): SGI MPT
 26. (serial)  27. (smpar)  28. (dmpar)  29. (dm+sm)   INTEL (ifort/icc): IBM POE
 30. (serial)               31. (dmpar)                PATHSCALE (pathf90/pathcc)
 32. (serial)  33. (smpar)  34. (dmpar)  35. (dm+sm)   GNU (gfortran/gcc)
 36. (serial)  37. (smpar)  38. (dmpar)  39. (dm+sm)   IBM (xlf90_r/cc_r)
 40. (serial)  41. (smpar)  42. (dmpar)  43. (dm+sm)   PGI (ftn/gcc): Cray XC CLE
 44. (serial)  45. (smpar)  46. (dmpar)  47. (dm+sm)   CRAY CCE (ftn $(NOOMP)/cc): Cray XE and XC
 48. (serial)  49. (smpar)  50. (dmpar)  51. (dm+sm)   INTEL (ftn/icc): Cray XC
 52. (serial)  53. (smpar)  54. (dmpar)  55. (dm+sm)   PGI (pgf90/pgcc)
 56. (serial)  57. (smpar)  58. (dmpar)  59. (dm+sm)   PGI (pgf90/gcc): -f90=pgf90
 60. (serial)  61. (smpar)  62. (dmpar)  63. (dm+sm)   PGI (pgf90/pgcc): -f90=pgf90
 64. (serial)  65. (smpar)  66. (dmpar)  67. (dm+sm)   INTEL (ifort/icc): HSW/BDW
 68. (serial)  69. (smpar)  70. (dmpar)  71. (dm+sm)   INTEL (ifort/icc): KNL MIC
 72. (serial)  73. (smpar)  74. (dmpar)  75. (dm+sm)   FUJITSU (frtpx/fccpx): FX10/FX100 SPARC64 IXfx/Xlfx

Enter selection [1-75] : 15
```

嵌套选项包括三种模式:一般嵌套、移动嵌套、涡旋追随。第一种是最常用的嵌套模式。

```
---------------------------------------------------------------------
Compile for nesting? (1=basic, 2=preset moves, 3=vortex following) [default 1]: 1

Configuration successful!
```

配置成功,还会显示如下一系列信息。

```
---------------------------------------------------------------------
Settings listed above are written to configure.wrf.
If you wish to change settings, please edit that file.
If you wish to change the default options, edit the file:
     arch/configure.defaults
NetCDF users note:
 This installation of NetCDF supports large file support.  To DISABLE large file
 support in NetCDF, set the environment variable WRFIO_NCD_NO_LARGE_FILE_SUPPORT
 to 1 and run configure again. Set to any other value to avoid this message.


Testing for NetCDF, C and Fortran compiler

This installation of NetCDF is 64-bit
                 C compiler is 64-bit
           Fortran compiler is 64-bit
              It will build in 64-bit

standard location of RPC
************************************************************************
This build of WRF will use classic (non-compressed) NETCDF format
************************************************************************
```

编译 WRF 的实测数据模块 em_real:

./compile em_real >& log.compile

编译成功会在 log.compile 中显示如下信息:

```
--->                    Executables successfully built                  <---

-rwxrwxr-x 1 test test 61621976 Nov 14 20:00 main/ndown.exe
-rwxrwxr-x 1 test test 61665672 Nov 14 20:00 main/real.exe
-rwxrwxr-x 1 test test 60929480 Nov 14 20:00 main/tc.exe
-rwxrwxr-x 1 test test 68548320 Nov 14 19:58 main/wrf.exe

==========================================================================
```

同时，在 WRF/main/文件夹下会出现编译好的可执行文件：

ndown. exe：用于单向嵌套

tc. exe：用于添加或移除热带气旋

real. exe：用于制作 WRF 初始场

wrf. exe：用于积分 WRF 模式

如果没有生成这些可执行文件，需要在 log. compile 中查找错误，修改 configure. wrf 的配置并重新编译模式。常见的问题包括 netcdf 库版本不对、未正确安装其他库、或者库的路径没有配置正确等。

修改完 configure. wrf 以后，清除前面编译生成的中间文件：

. /clean －a

然后重新执行配置和编译步骤：

. /configure

. /compile em_real >& log. compile

切换到 WPS 文件夹下，运行 . /configure。选择 intel 编译器的 dmpar 选项，需要包括 grib2 格式的选 19。

```
------------------------------------------------------------------------
Please select from among the following supported platforms.

   1.  Linux x86_64, gfortran    (serial)
   2.  Linux x86_64, gfortran    (serial_NO_GRIB2)
   3.  Linux x86_64, gfortran    (dmpar)
   4.  Linux x86_64, gfortran    (dmpar_NO_GRIB2)
   5.  Linux x86_64, PGI compiler   (serial)
   6.  Linux x86_64, PGI compiler   (serial_NO_GRIB2)
   7.  Linux x86_64, PGI compiler   (dmpar)
   8.  Linux x86_64, PGI compiler   (dmpar_NO_GRIB2)
   9.  Linux x86_64, PGI compiler, SGI MPT   (serial)
  10.  Linux x86_64, PGI compiler, SGI MPT   (serial_NO_GRIB2)
  11.  Linux x86_64, PGI compiler, SGI MPT   (dmpar)
  12.  Linux x86_64, PGI compiler, SGI MPT   (dmpar_NO_GRIB2)
  13.  Linux x86_64, IA64 and Opteron    (serial)
  14.  Linux x86_64, IA64 and Opteron    (serial_NO_GRIB2)
  15.  Linux x86_64, IA64 and Opteron    (dmpar)
  16.  Linux x86_64, IA64 and Opteron    (dmpar_NO_GRIB2)
  17.  Linux x86_64, Intel compiler    (serial)
  18.  Linux x86_64, Intel compiler    (serial_NO_GRIB2)
  19.  Linux x86_64, Intel compiler    (dmpar)
  20.  Linux x86_64, Intel compiler    (dmpar_NO_GRIB2)
  21.  Linux x86_64, Intel compiler, SGI MPT    (serial)
  22.  Linux x86_64, Intel compiler, SGI MPT    (serial_NO_GRIB2)
```

配置成功，将弹出下面信息：

```
------------------------------------------------------------
Configuration successful. To build the WPS, type: compile
------------------------------------------------------------

Testing for NetCDF, C and Fortran compiler

This installation NetCDF is 64-bit
C compiler is 64-bit
Fortran compiler is 64-bit
```

修改 configure. wps 的 DM_FC 和 DM_CC，例如：

DM_FC＝mpiifort

DM_CC＝mpiicc

运行 compile 编译 WPS，

./compile >& compile. log

编译成功会生成以下三个可执行文件：

geogrid. exe －> geogrid/src/geogrid. exe 用于生成模拟区域静态数据；

ungrib. exe －> ungrib/src/ungrib. exe 把 grib 数据转换为中间格式的输入数据；

metgrid. exe －> metgrid/src/metgrid. exe 从中间格式的输入数据生成 WRF 输入场。

如果编译失败，需要从 compile. log 中查找错误，修改 configure. wps 并重新编译。编译前需要删除先前的编译结果：

./clean-a. hyphen

以上步骤是在超算集群上的编译过程。如果需要在个人电脑上编译运行，可参考：https://www. enviroware. com/installing-and-running-wrf-3-8-on-linux-ubuntu-lts-16-04-with-intel-i7-8-core-cpu/； https://metclim. ucd. ie/2017/06/wrf-installation-on-a-linux-machine/

(2)用 ERA5 再分析资料制作 WRF 初始场

用气候数据存储工具包(cdsapi)下载相应的 ERA5 资料。打开网页 https://cds. climate. copernicus. eu/#！/home

注册用户并登陆自己的账户：

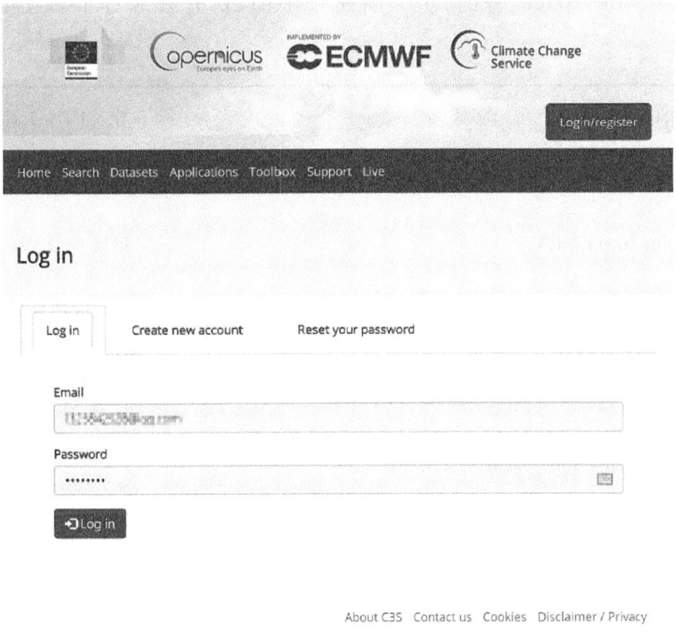

然后单击 Toolbox 进入工具箱页面：

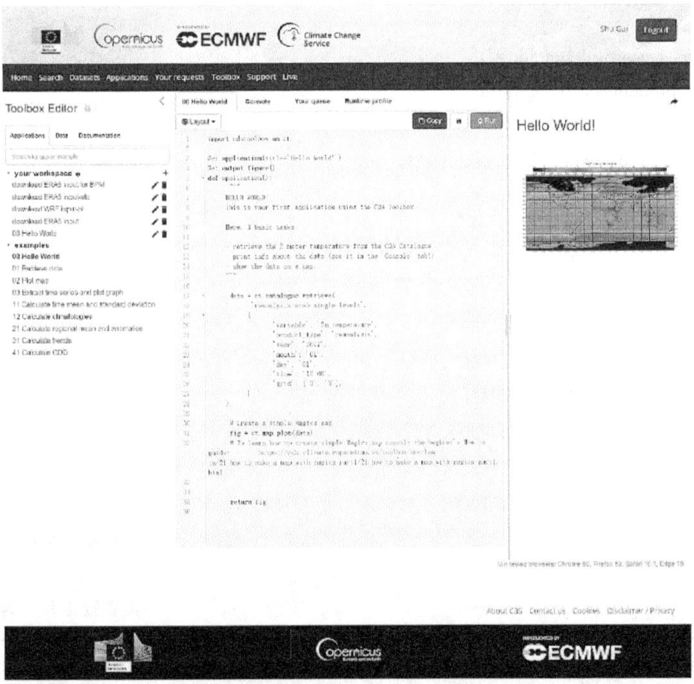

单击“your workspace”旁的“＋”，新建一个项目，并在编译面板上输入下面的程序段：

import cdstoolbox as ct	导入 CDS 工具箱库，简写为 ct
@ct. application(title= 'Download ERA5 pressure level')	检索数据
@ct. output. download()	返回 nc 文件链接以供下载
def application()：	定义应用函数
data=ct. catalogue. retrieve(dataset，info)	把检索的数据赋值给对象 data，本例中数据集（dataset）指定为 ERA5 等压面层数据‘reanalysis-era5-pressure-levels’，需求信息（info）为其后面{}内的代码
'product_type'：'reanalysis'，	定义数据产品类型为再分析资料
'format'：'grib'，	定义数据的格式为 grib
'variable'：['specific_humidity'， 'relative_humidity'，'temperature'， 'u_component_of_wind'， 'v_component_of_wind'，'geopotential']，	指定输出变量分别为比湿、相对湿度、气温、纬向风、经向风和重力位势
'pressure_level'：['10'，'20'，'30'， '50'，'70'，'100'， '125'，'150'，'200'， '250'，'300'，'350'， '400'，'450'，'500'， '550'，'600'，'650'， '700'，'750'，'800'， '850'，'900'，'925'， '950'，'975'，'1000']，	指定输出数据的等压面层（单位为 hPa）
'year'：2016，	设置输出年份为 2016 年
'month'：5，	设置输出月份为 5 月

续表

'day':['01','02','03',
    '04','05','06',
    '07','08','09',
    '10','11','12',
    '13','14','15',
    '16','17','18',
    '19','20','21',
    '22','23','24',
    '25','26','27',
    '28','29','30',
    '31'],
	设置输出日期为 5 月 1 日至 5 月 31 日

'time':['00:00','06:00','12:00','18:00'],	设置输出时次为间隔 6 h
'grid':[0.75,0.75]	设置输出数据的空间分辨率为 0.75°×0.75°
return data	返回数据对象 data

点击“Run”运行程序。

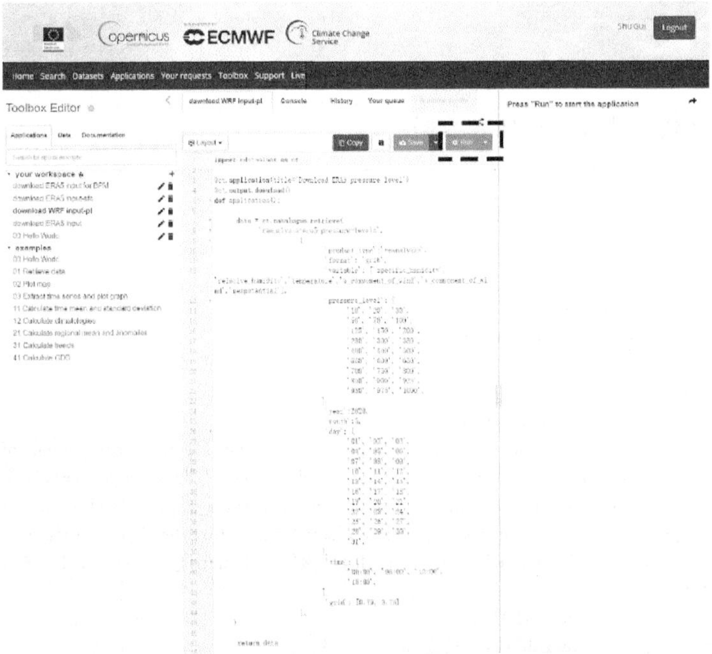

运行结束后在右侧预览框中会显示数据下载链接。

在“Your request”栏目中也会显示相应的条目，点击链接即可下载。

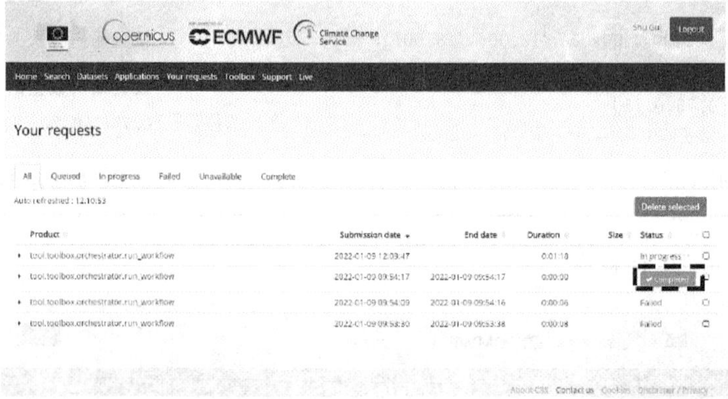

输入下面代码片段下载地表数据：

```
import cdstoolbox as ct
    @ct. application(title= 'Download ERA5 surface level')
    @ct. output. download()
    def application():
        data= ct. catalogue. retrieve(
            'reanalysis-era5-single-levels',

    { 'product_type':'reanalysis',
                    'format':'grib',
                    'variable':['10m_u_component_of_wind','10m_v_component_of_wind','2m_
dewpoint_temperature','2m_temperature','mean_sea_level_pressure','sea_ice_cover','sea_surface_tem-
perature','skin_temperature','land_sea_mask','snow_density','snow_depth','soil_temperature_level_1',
'soil_temperature_level_2','soil_temperature_level_3','soil_temperature_level_4','surface_pressure','vol-
umetric_soil_water_layer_1','volumetric_soil_water_layer_2','volumetric_soil_water_layer_3','volumetric
_soil_water_layer_4'],
                    'year':2016,
                    'month':5,
                    'day':[
```

续表

```
                    '01','02','03',
                    '04','05','06',
                    '07','08','09',
                    '10','11','12',
                    '13','14','15',
                    '16','17','18',
                    '19','20','21',
                    '22','23','24',
                    '25','26','27',
                    '28','29','30',
                    '31',
                ],
                'time':[
                    '00:00','06:00','12:00',
                    '18:00',
                ],
                'grid':[0.75,0.75]
            }
    )
return data
```

上述代码与下载等压面层数据的代码相似，主要修改下面的程序片段：

1	@ct. application(title= 'Download ERA5 surface level')	检索数据
2	data=ct. catalogue. retrieve(dataset,info)	把检索的数据赋值给对象 data，本例中数据集(dataset)指定为 ERA5 地表层数据'reanalysis-era5-single-levels'，需求信息(info)为其后面{}内的代码
3	'variable':['10m_u_component_of_wind',	
4	'10m_v_component_of_wind',	
5	'2m_dewpoint_temperature',	
6	'2m_temperature',	
7	'mean_sea_level_pressure',	
8	'sea_ice_cover',	指定输出变量分别为 10 m 纬向风、10 m 经向风、2 m 露点温度、2 m 气温、平均海平面气压、地表气压、海冰覆盖量、海表温度、地表温度、海陆蒙版、降雪强度、积雪深度、4 层土壤温度和湿度
9	'sea_surface_temperature',	
10	'skin_temperature','land_sea_mask',	
11	'snow_density','snow_depth',	
12	'soil_temperature_level_1',	
13	'soil_temperature_level_2',	
14	'soil_temperature_level_3',	
15	'soil_temperature_level_4',	
16	'surface_pressure',	
17	'volumetric_soil_water_layer_1',	
18	'volumetric_soil_water_layer_2',	
19	'volumetric_soil_water_layer_3',	
20	'volumetric_soil_water_layer_4'],	

以上步骤是基于 CDS 网页版工具箱下载 WRF 初始场所需的再分析资料，也可在 ubuntu 等 Linux 系统中安装 CDSAPI，再用 python 脚本下载到本地。上述脚本设置的时间间隔为 6 h。具体配置可参考相关网页信息：

https://www.cnblogs.com/jiangleads/p/11420581.html

https://dreambooker.site/2019/10/03/Initializing-the-WRF-model-with-ERA5-pressure-level/

修改 WPS 文件夹中的 namelist.wps 配置模式地图投影：

```
&share
 wrf_core = 'ARW',
 max_dom = 1,

&geogrid
 parent_id         =   1,   1,
 parent_grid_ratio =   1,   3,
 i_parent_start    = 1,94,
 j_parent_start    = 1,65,
 e_we              = 420, 213,97,
 e_sn              = 200, 182,127,
 !
 !!!!!!!!!!!!!!!!!!!!!!!!!!!!! IMPORTANT NOTE !!!!!!!!!!!!!!!!!!!!!!!!!!!!!!
 ! The default datasets used to produce the MAXSNOALB and ALBEDO12M
 ! fields have changed in WPS v4.0. These fields are now interpolated
 ! from MODIS-based datasets.
 !
 ! To match the output given by the default namelist.wps in WPS v3.9.1,
 ! the following setting for geog_data_res may be used:
 !
 ! geog_data_res = 'maxsnowalb_ncep+albedo_ncep+default', 'maxsnowalb_ncep
 !
 !!!!!!!!!!!!!!!!!!!!!!!!!!!!! IMPORTANT NOTE !!!!!!!!!!!!!!!!!!!!!!!!!!!!!!
 !
 geog_data_res = 'default','default',
 dx = 30000.,
 dy = 30000.,
 map_proj = 'mercator',
 ref_lat   = 26.,
 ref_lon   = 120.,
 pole_lat = 90.,
 pole_lon = 180.0,
 truelat1  = 26.,
 truelat2  = 26.,
 stand_lon = 120.,
 geog_data_path = '/data/WRF/geog/WPS_GEOG/'
/
```

运行 util/plotgrids_new.ncl 检查投影设置，结果如图 12.3 所示。

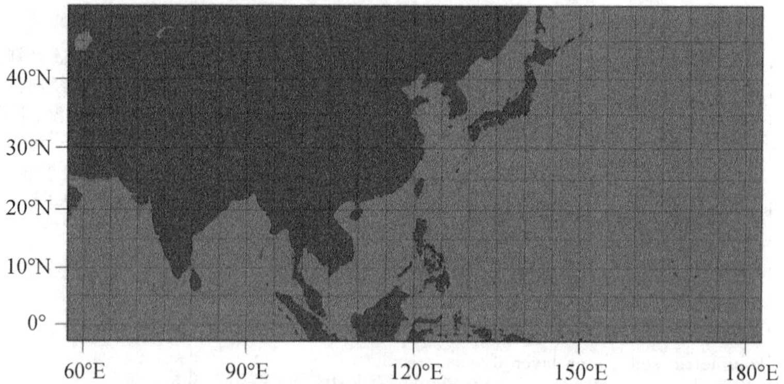

图 12.3　WRF 地图投影区域

修改 namelist. wps 的起止时间、输入场时间间隔和前缀：

```
&share
 wrf_core = 'ARW',
 max_dom = 1,
 start_date = '2015-05-01_00:00:00'
 end_date = '2015-08-31_18:00:00','
 interval_seconds = 21600
 io_form_geogrid = 2,
/


&ungrib
 out_format = 'WPS',
 prefix = 'FILE',
/

&metgrid
 fg_name = 'FILE'
 io_form_metgrid = 2,
 !constants_name = './SST:2005-08-28_00'
/
```

链接 Vtable 到 ERA 再分析资料相应的定义文件：

ln-sfv . /ungrib/Variablc_Tables/Vtable. ERA-interim. pl Vtable

链接存储再分析资料的文件夹：

. /link_grib. csh /data/WRF/ERA5/1981

依次运行 geogrid. exe、ungrib. exe 和 metgrid. exe：

. /geogrid. exe

. /ungrib. exe

. /metgrid. exe

运行成功会依次出现以下提示信息：

```
!!!!!!!!!!!!!!!!!!!!!!!!!!!!!!!!!!!!!!!!!!!!!!
!  Successful completion of geogrid.         !
!!!!!!!!!!!!!!!!!!!!!!!!!!!!!!!!!!!!!!!!!!!!!!

!!!!!!!!!!!!!!!!!!!!!!!!!!!!!!!!!!!!!!!!!!!!!
!  Successful completion of ungrib.   !
!!!!!!!!!!!!!!!!!!!!!!!!!!!!!!!!!!!!!!!!!!!!!

!!!!!!!!!!!!!!!!!!!!!!!!!!!!!!!!!!!!!!!!!!!!!
!  Successful completion of metgrid.  !
!!!!!!!!!!!!!!!!!!!!!!!!!!!!!!!!!!!!!!!!!!!!!
```

切换到 WRF 实验目录：

cd. . /WRF/test/em_real/

链接初始场：

ln-sf . . /. . /. . /WPS/met_em. d01. 2020-05 *

修改 namelist. input，采用与 namelist. wps 相同的网格距、嵌套、起止时间等参数设置，设置积分时间步长和重启时间隔。各项参数具体表示的意义可参考 https://dtcenter.org/HurrWRF/users/tutorial/2018_NCWCP_tutorial/lectures/03-HWRFtutJan2018_NMM_Dynamics_Pyle.pdf)。

```
&time_control
run_days = 122,
run_hours                            = 18,
run_minutes                          = 0,
run_seconds                          = 0,
start_year = 2015, 2015, 2015, 2015,
start_month = 05, 05, 05, 05,
start_day = 01, 01, 01, 01,
start_hour = 00, 00, 00, 00,
end_year = 2015, 2015, 2015, 2015,
end_month = 08, 08, 08, 08,
end_day = 31, 31, 31, 31,
end_hour = 18, 18, 18, 18,
interval_seconds                     = 21600
input_from_file                      = .true.,.true.,.true.,
history_interval = 1440,1440,1440,1440,
frames_per_outfile                   = 1000, 1000, 1000,
restart                              = .false.,
restart_interval = 175698,
io_form_history                      = 2
io_form_restart                      = 2
io_form_input                        = 2
io_form_boundary                     = 2
auxinput4_inname = "wrflowinp_d01",
auxinput4_interval = 360,
io_form_auxinput4 = 2
fine_input_stream = 0, 2, 2
io_form_auxinput2 = 2
/

&domains
time_step = 120,
time_step_fract_num = 0,
time_step_fract_den = 1,
max_dom = 1,
s_we          = 1,1,1
s_sn          = 1,1,1
e_we          = 145, 213,97,
e_sn          = 100, 182,127,
e_vert        = 33,   33,    33,
p_top_requested = 5000,
num_metgrid_levels = 28,
num_metgrid_soil_levels = 4,
dx = 30000., 10000.,
dy = 30000., 10000.,
grid_id    = 1,     2,     3,
parent_id = 0, 1, 2, 3
i_parent_start = 1,94,
j_parent_start = 1,65,
parent_grid_ratio = 1,   3,
parent_time_step_ratio  = 1, 3,
feedback            = 0,
smooth_option       = 1,
sfcp_to_sfcp = .true.
/
```

在集群上用 PBS 方式提交作业，运行 real. exe 生成初始场文件（wrfinput_d01 和 wrfbdy_d01 等）。参考代码如下：

```
#!/bin/bash
#PBS -l nodes=cu12:ppn=28
#PBS -N WRF-real-ding-1979
#PBS -l walltime=9999:00:00
#PBS -e mywrf.err
#PBS -o mywrf.log

FOLDER=$PBS_O_WORKDIR
cd $FOLDER

NPROCS=`wc -l < $PBS_NODEFILE`
echo This job has allocated $NPROCS cpus
cat $PBS_NODEFILE | uniq -c | awk '{ printf("%s:%s\\n", $2, $1); }' >mpd_wrf.hosts

export LD_LIBRARY_PATH=/opt/software/netcdf-intel/lib:$LD_LIBRARY_PATH
ulimit -s unlimited

/opt/intel/compilers_and_libraries_2018.1.163/linux/mpi/intel64/bin/mpirun -genv I
_MPI_DEVICE rdssm -f mpd_wrf.hosts -machinefile mpd_wrf.hosts -genv I_MPI_DEBUG 2
-n ${NPROCS} ${FOLDER}/real.exe

exit
```

上述代码保存为 my_wrf_job_submission_real. pbs，提交作业运行：

qsub my_wrf_job_submission_real. pbs

输入下面命令核实程序运行成功：

tail rsl. error. 0000

屏幕输出包括“SUCCESS”，同时当前目录生成 wrfbdy_d01 和 wrfinput_d01 文件。

(3)运行 WRF 模式

将 my_wrf_job_submission_real. pbs 中的 real. exe 的程序修改为 wrf. exe，在集群上用 PBS 方式提交作业即可运行 WRF 模式。模式运行结束会在输出文件中，例如，rsl. out. 0000 和 rsl. error. 0000，显示 SUCCESS COMPLETE WRF。如有 CFL 错误，一般表明模式积分不稳定，需要减小积分时间步长重新积分。

采用 NCL 或 wrf-python 对 WRF 模式数值模拟结果进行后处理。它们包含分析 WRF 模式数值模拟结果的一系列内置函数（wrf-python 的相关函数列表：https://wrf-python. readthedocs. io/en/latest/user_api/index. html # routines；NCL 的相关函数列表：http://www. ncl. ucar. edu/Document/Functions/wrf. shtml）。采用 wrf-python 处理的模拟结果输出示例如图 12. 4。

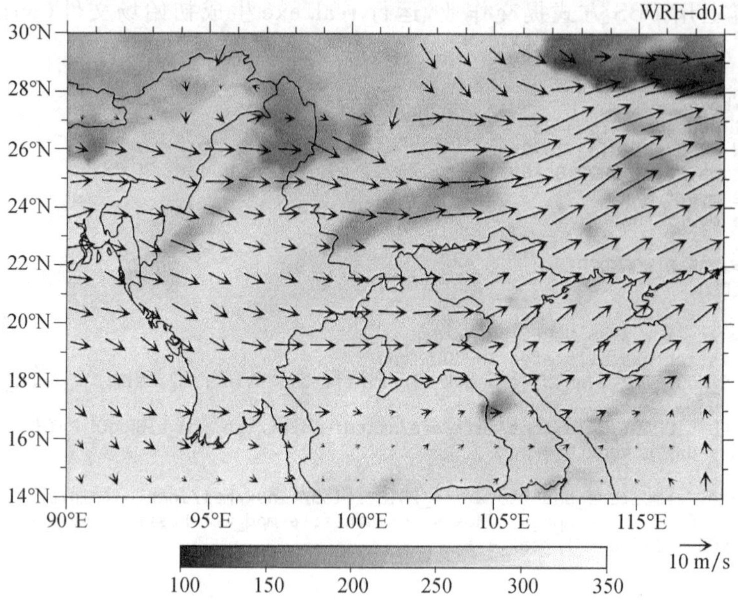

图 12.4 WRF 输出的 2016 年 5 月 2 日 00 时 700 hPa
水平风场(矢量,单位 m/s)和 OLR(等值线,单位 W/m²)

本实习采用 python 语言进行 WRF 后处理,相关代码片段如下:

1 2 3	from netCDF4 import Dataset import numpy as np from wrf import(getvar,interplevel,to_np,latlon_coords,get_cartopy,cartopy_xlim,cartopy_ylim)	导入相关模块为后处理做准备,包括 netCDF4 的 Dataset、numpy、wrf-python
4 5	wrfout_folder= "/mnt/c/Users/John/Downloads/" ncfile=Dataset(wrfout_folder +"wrfout_d01_2016-05-01_00_00_00")	指定 WRF 模式输出路径(wrfout_folder),打开模式数据(wrfout_d01_2016-05-01_00:00:00)
6 7 8 9 10	time_id=4 p=getvar(ncfile,"pressure",time_id) ua=getvar(ncfile,"ua",time_id) va=getvar(ncfile,"va",time_id) olr=getvar(ncfile,"OLR",time_id)	指定模式输出时次(time_id),读入该时次模式输出的气压场(p)、u 风场(ua)、v 风场(va)和 OLR
11 12	u_700=interplevel(ua,p,700) v_700=interplevel(va,p,700)	把水平风场插值到 700 hPa 等压面层上
13	lats,lons=latlon_coords(olr)	读入 WRF 输出的经纬度坐标,准备作图

绘图部分代码如下：

1	plt. figure(figsize=(10,7))	创建画布并定义高宽尺寸
2	ax=plt. axes(projection=ccrs. PlateCarree())	定义坐标轴投影为方格投影
3	Q=plt. quiver(lons[::5,::5],lats[::5,::5],u_700[::5,::5],v_700[::5,::5],units='width',color='darkslategray',pivot='middle',width=.0025,headwidth=8,headlength=8,headaxislength=4,zorder=2,scale=200)	绘制风矢量图，为清晰显示箭头，把经纬向格点间隔均设为5([::5,::5])，箭头大小随坐标宽度(units='width')共同增减，矢量颜色设为深青灰色(color='darkslategray')，矢量中点位于格点上(pivot='middle')，箭杆宽度设为0.0025(width=.0025)，箭头宽度和长度为箭杆宽度的 8 倍(headwidth=8，headlength=8)，箭头与箭杆交界处的长度设为 4(headaxislength=4)，为将风矢量叠放在等值线图上，把绘制顺序设为 2(zorder=2)
4	ax. add_feature(cartopy. feature. LAND, edgecolor='black', facecolor='none', zorder=3)	增加陆地地图信息(cartopy. feature. LAND)，边线颜色设为黑色(edgecolor='black')，无版面颜色(facecolor='none')，叠放次序为 3(zorder=3)
5	ax. add_feature(cartopy. feature. BORDERS. with_scale('50m'),edgecolor='black', facecolor='none',zorder=3)	增加国界地图信息(cartopy. feature. BORDERS)，精度为 50 m(with_scale('50 m'))，其他设置同上
6	gvutil. truncate_colormap(gvcmaps. cmocean_gray, minval=0.08, maxval=0.96, n=100, name='mygray')	截取调色板 cmocean_gray 的一部分颜色值
7	levels=np. linspace(110,350,50)	设置等值线数值

续表

8	cf= plt. contourf(lons, lats, olr, levels = levels, cmap = 'mygray', zorder=1)	绘制对外长波辐射的等值线图,调色板采用刚才设置过的WhiteBlueGreenYellowRed,等值线叠放到最下一层,绘制顺序设为1(zorder=1)
9	cbar= plt. colorbar(cf, orientation = 'horizontal', shrink = 0. 5, pad =0. 08)	绘制横置色标条(orientation='horizontal'),色标条缩小为原来的一半(shrink=0. 5)并上移(pad=0. 08)
10	cbar. ax. tick_params(labelsize=14)	设置色标字体大小(tick_params(labelsize=14))
11	cbar. set_ticks(np. array([100,150,200,250,300,350]))	设置色标刻度值为100,150,200,250,300,350
12	qk= ax. quiverkey(Q, 0. 96, −0. 1, 10, '10 m/s', labelpos = 'S', color= 'black', coordinates= 'axes', fontproperties={'size':14}, labelsep=0. 1)	绘制风矢量图(Q = quiver(…))的参考矢量,把它置于图形右下方(x、y坐标的相对值为0. 96,−0. 1),参考矢量的长度为10,矢量代表的风速为10 m/s,标签位于参考矢量下方(labelpos='S'),参考矢量的颜色设为黑色(color='black'),参考矢量x、y坐标值所对应的坐标系为标准化坐标系(coordinates= 'axes'。左下角坐标值为(0,0),右上角坐标值为(1,1)),标签字体属性中字体大小设为14(fontproperties={'size':14}),参考矢量箭头和风速标签间隔为0. 1英寸(labelsep=0. 1),1英寸(in)=2. 54 厘米(cm)

续表

13	gvutil. set_axes_limits_and_ticks(ax, xlim=(90,113), ylim=(14,30), xticks=range(90,111,5), yticks=range(14,31,2))	设置图形显示范围和坐标的主刻度标签。经度范围 90°－113°E(xlim=(90,113))，纬度范围 14°N～30°N(ylim=(14,30))，从 90°E 向东间隔 5°显示经度刻度(xticks=range(90,111,5))，从 14°N 向北间隔 2°显示纬度刻度值(yticks=range(14,31,2))
14	gvutil. add_major_minor_ticks(ax, x_minor_per_major=5, y_minor_per_major=2,labelsize=14)	设置坐标轴的副刻度标签。经纬向的副刻度间隔均为 1°，即相邻两个经向主刻度之间插入 5 个副刻度(x_minor_per_major=5)，相邻两个纬向主刻度之间插入 2 个副刻度(y_minor_per_major=2)，设置坐标轴标签字体为 14(labelsize=14)
15	gvutil. add_lat_lon_ticklabels(ax)	在图形上添加经纬度坐标刻度和标签
16	gvutil. set_titles_and_labels(ax,lefttitle='',righttitle='WRF－d01')	设置图形标题和标签，图形左上角不显示(lefttitle='')，图形右上角标题显示为 WRF－d01(righttitle='WRF－d01')
17	plt. savefig('WRF_d01. png',format='png', bbox_inches='tight',dpi=600)	保存图像为 png 格式的文件 WRF_d01. png，边界框设为紧密型(bbox_inches='tight')，图形周围默认填充宽度为 0.1 英寸，像素设置为 600 dpi(dpi=600)
18	plt. show()	显示图形
19	plt. close()	关闭图形窗口

上述代码示例为 wrf_output_compare. py。Matplotlib 相关命令设置、程序示例和用户资源可参考：

Matplotlib 官网 https://matplotlib. org/index. html

Matplotlib 官方中文网 https://www.matplotlib.org.cn/

(4)WRF 模式还可以应用 WRFDomainWizard 来设置模拟区域设置。设置步骤如下：

1)登录 https://esrl.noaa.gov/gsd/wrfportal/DomainWizard.html。

2)配置 WPS 路径、地形文件路径和区域存储路径。

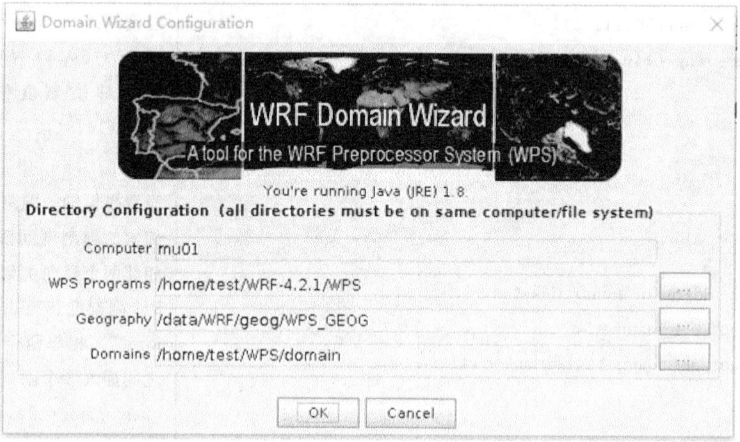

3)创建一个新区域。

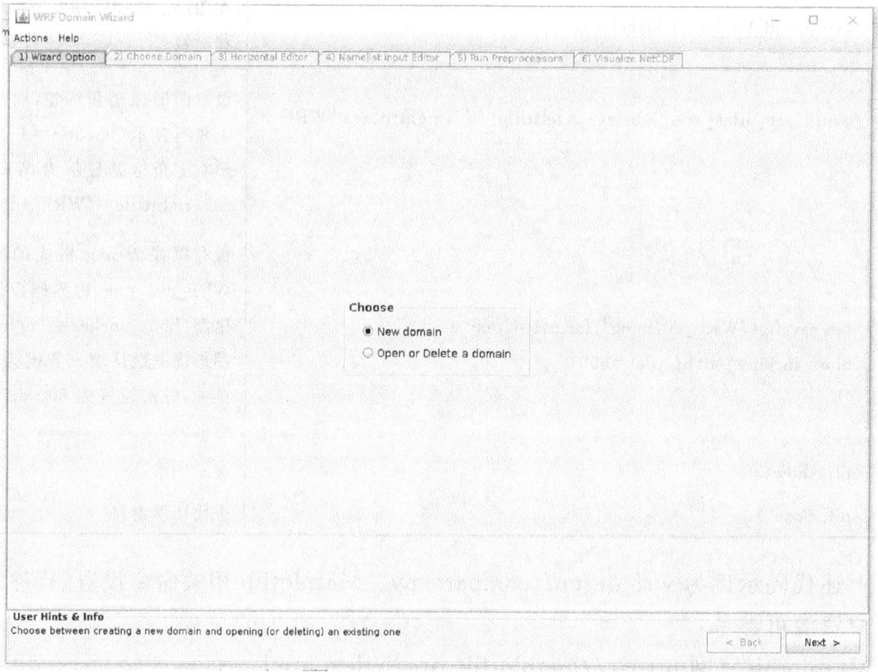

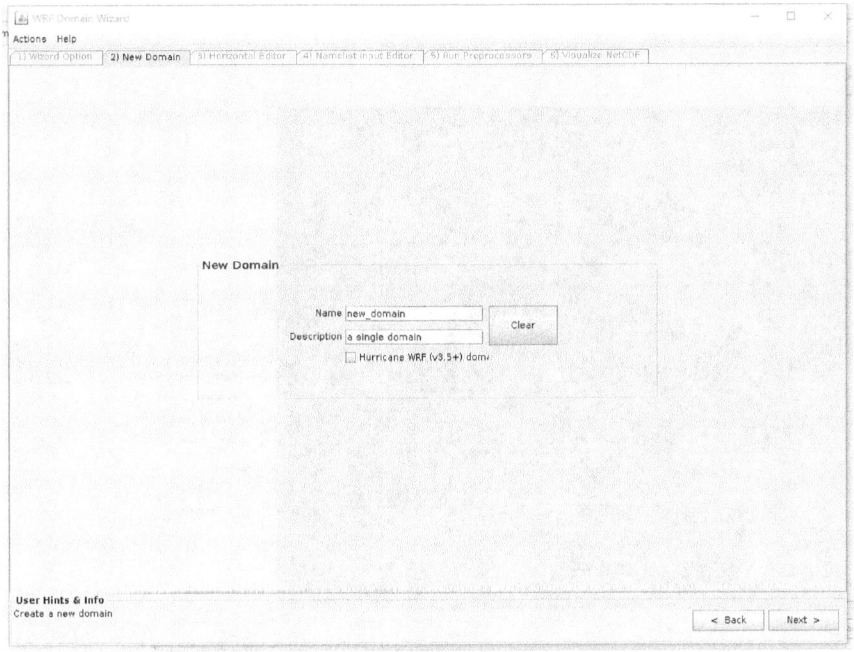

4)设置投影方式并框选东亚地区。

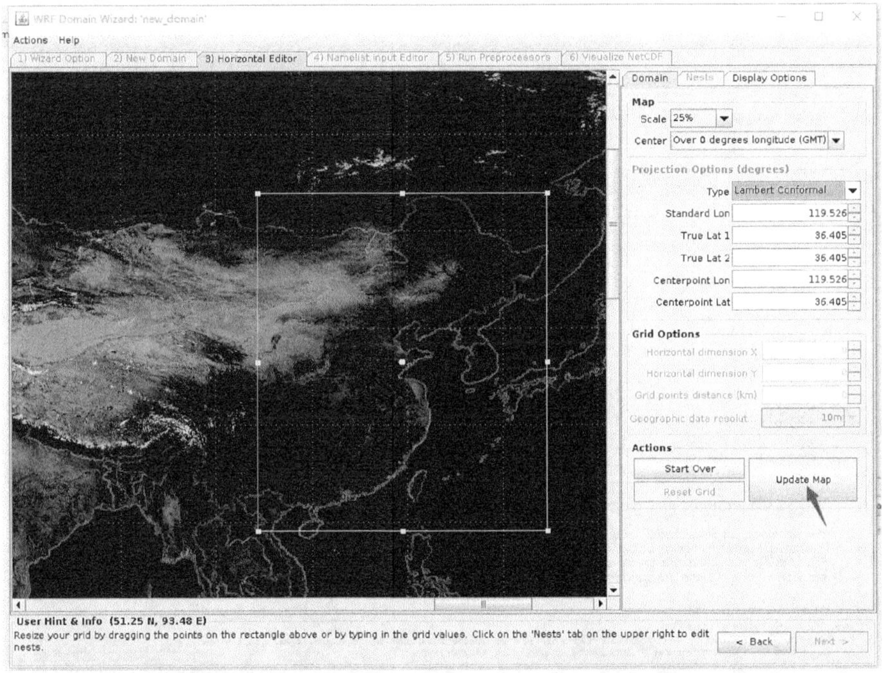

5)设置网格距并调整模拟区域。

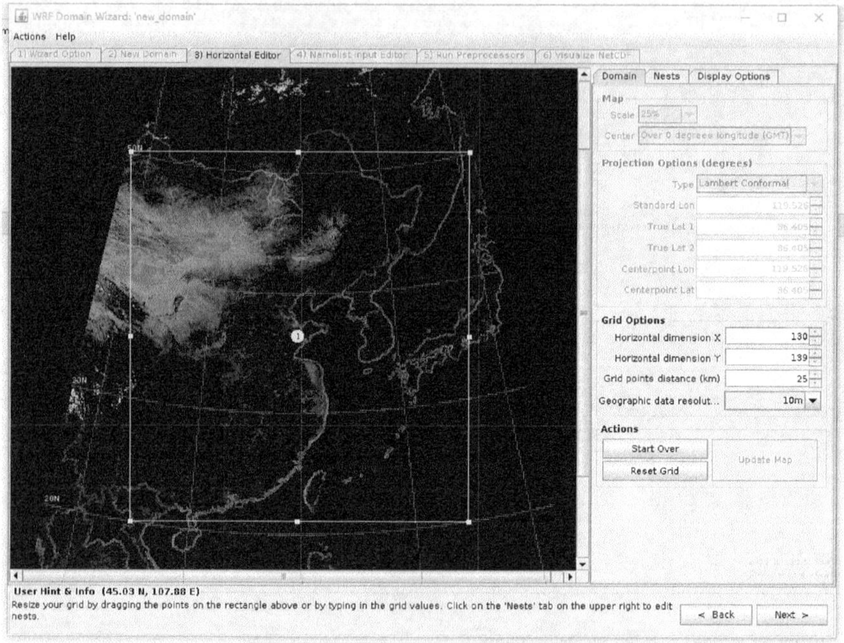

6)查看并设置 namelist。

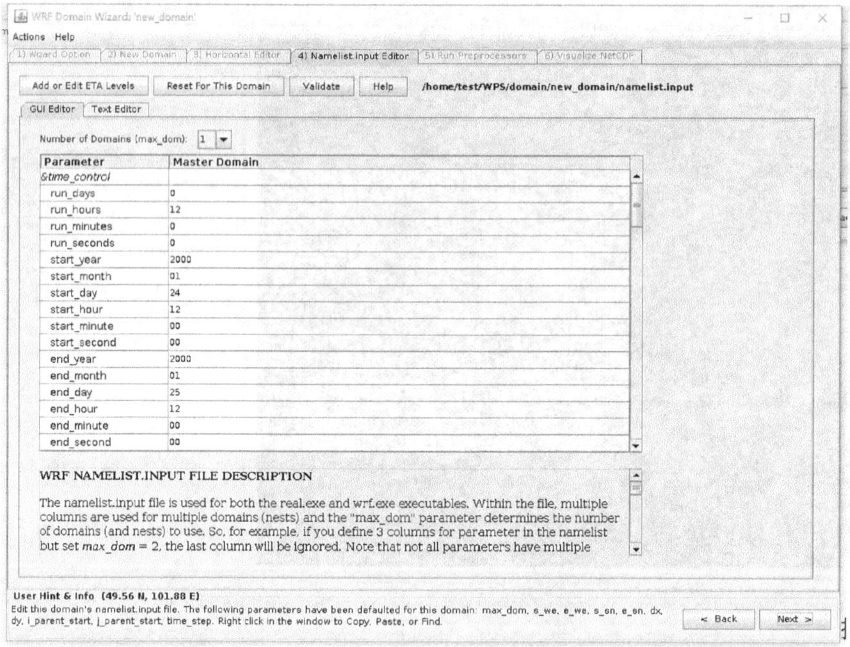

习题

(1)阅读一篇采用 WRF 模式做东亚地区天气变化模拟的科研论文，以论文的设置进行数值模拟实验，根据模式编译和运行过程、模拟结果撰写实验报告。

(2)选取表 12.1 中所列 8 种短波辐射参数化方案的 3 种进行数值实验，比较不同辐射方案对模拟结果的影响。

实习 13　多重嵌套的 WRF 模拟实验

13.1　实习目的

通过设置多重嵌套进行 WRF 数值模拟实验，使学生掌握多重嵌套 WRF 模拟实验的基本操作方法。

13.2　实习要求

完成多重嵌套进行 WRF 模拟实验，撰写实习报告。要求学生在机房现场操作，实习教师随堂讲解和指导。运行环境提倡 Ubuntu 或 CentOS。

13.3　相关知识回顾

WRF 嵌套是指在粗分辨率模拟区域中设置嵌入细分辨率次级区域，以较少的计算资源获得较高分辨率数值模拟结果的一种实验设置方式(图 13.1)。

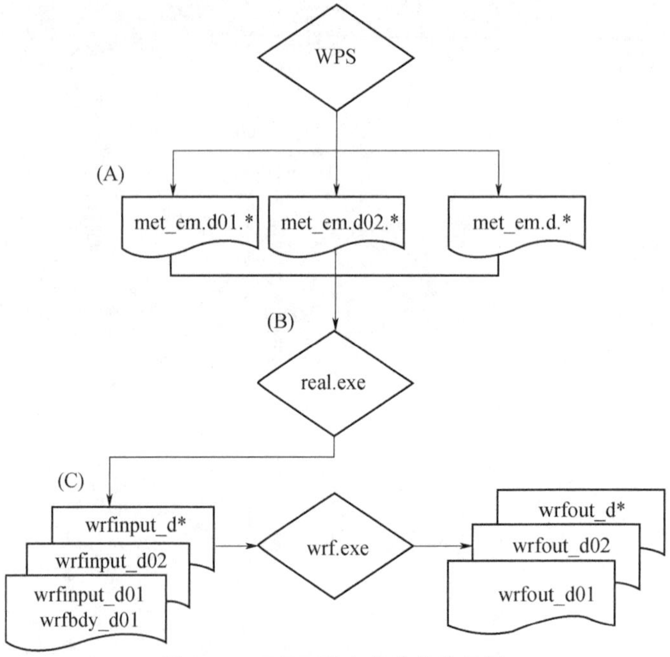

图 13.1　WRF 嵌套实验的流程图

嵌套网格距比例通常设置为 1∶3，可设置多重嵌套，每层嵌套可使用各自的初始场，也可将外层粗分辨率网格的输出场上插值到嵌套网格点上。

13.4　实习内容

(1)模拟区域为中国、老挝、缅甸三国交界处为中心的大湄公河次区域。在中缅边境附近设置三重嵌套，采用双向嵌套方式(two-way interactive nest)进行数值模拟实验。模拟时间设置为 2016 年 5 月 1 日 00 时至 2016 年 5 月 2 日 00 时。撰写实习报告，介绍实验设置流程和相应的 namelist 参数，分析各嵌套区域中大气环流、对流活动和降水的模拟效果。其中，嵌套区域的设置可参考官网指南(https://www2.mmm.ucar.edu/wrf/OnLineTutorial/CASES/NestRuns/2way2inputs.php)。

实验步骤及程序示例

1)采用 WRF Domain Wizard 进行设置。首先设置最外层模拟区域，投影方式为麦卡托投影，格点距设置为 27 km。

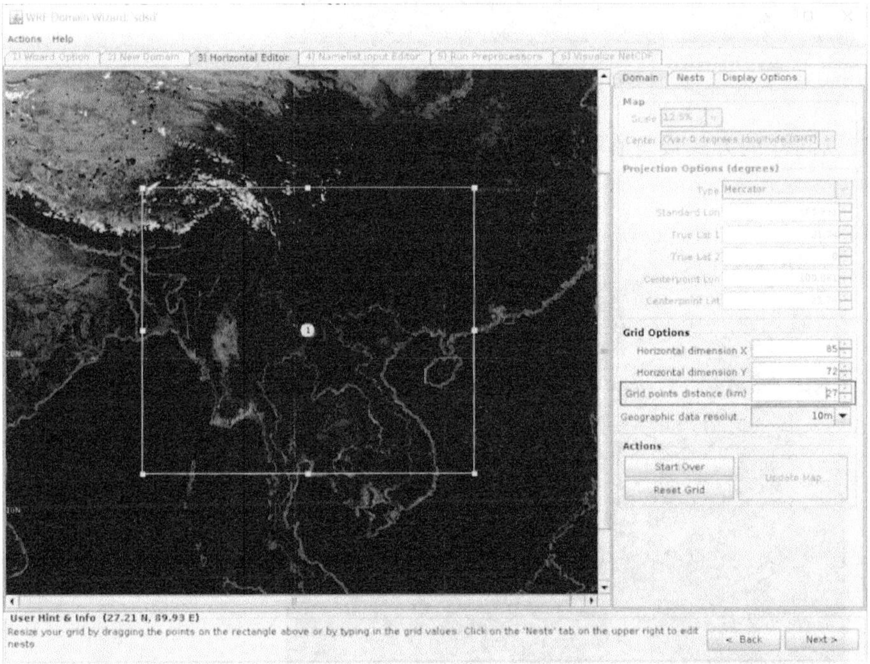

2)设置第一层嵌套。单击“Nest”选项框,之后再单击“New”。

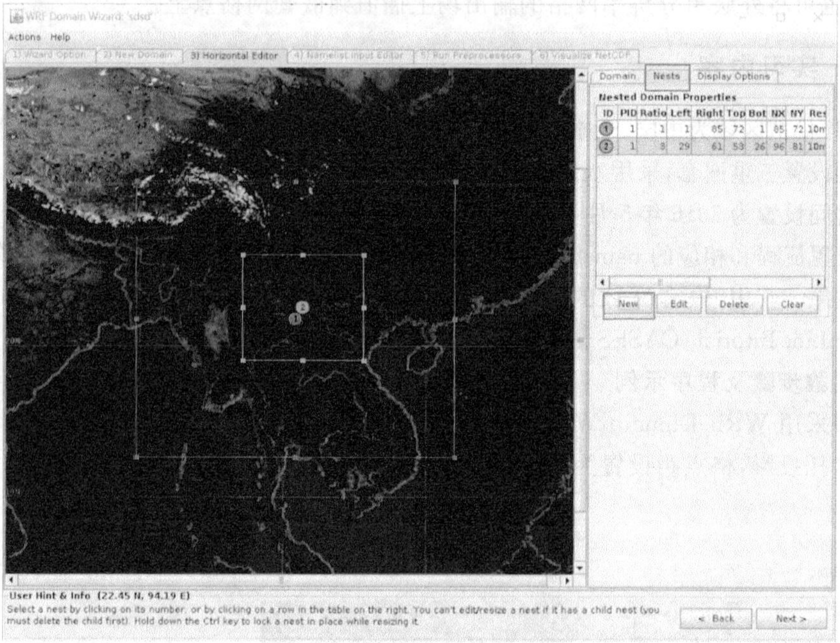

3)以同样的方式设置在中缅边境周围设置第二、第三层嵌套。

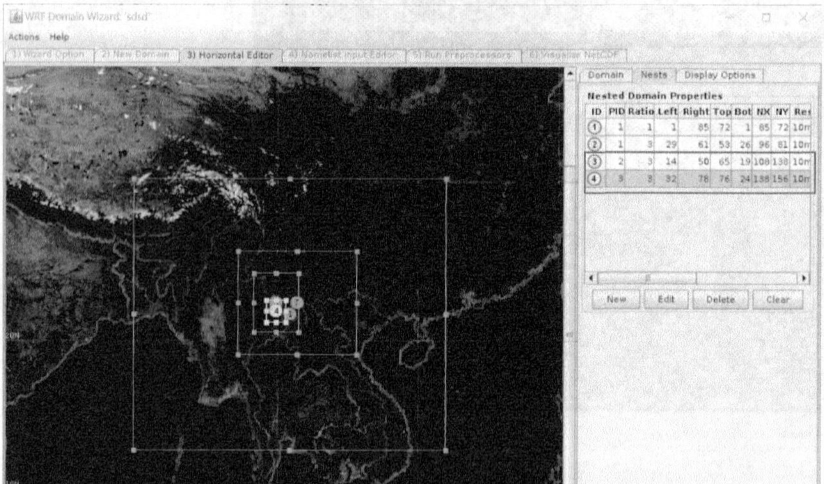

4)利用 Namelist. input 编译器查看嵌套设置,修改起止时间。

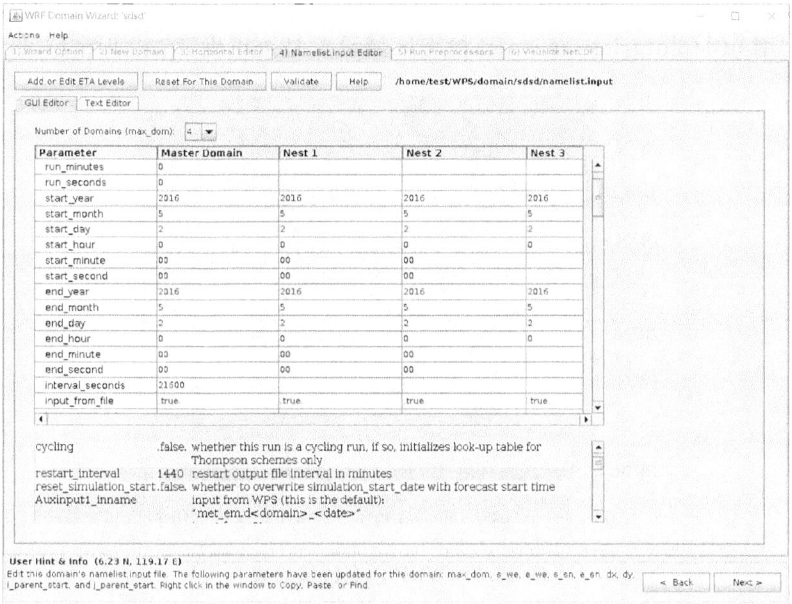

5)单击“next”进行 WPS 前处理,设置 Vtable 链接的文件名称、存放初始场的路径,起止时间等,然后运行 geogrid、ungrib、metgrid 并检查程序输出结果。

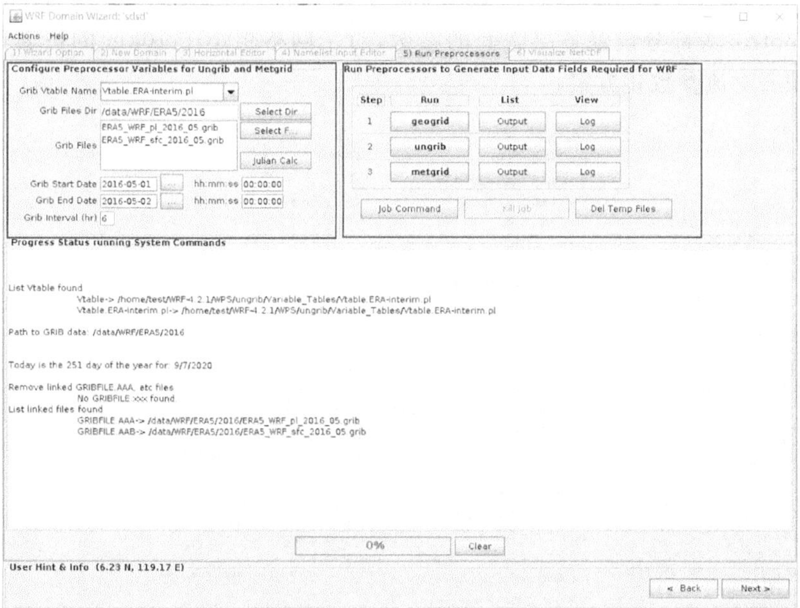

6)模式版本更新或者集群系统配置的差异会导致程序执行失败。此时,退回到

namelist. input 编译器，查看相应设置并修改 namelist. wps 文件，再依次运行 geogrid. exe，ungrib. exe 和 metgrid. exe。

7）利用 util/plotgrids_new. ncl 检查区域设置是否正确，结果如图 13. 2 所示。

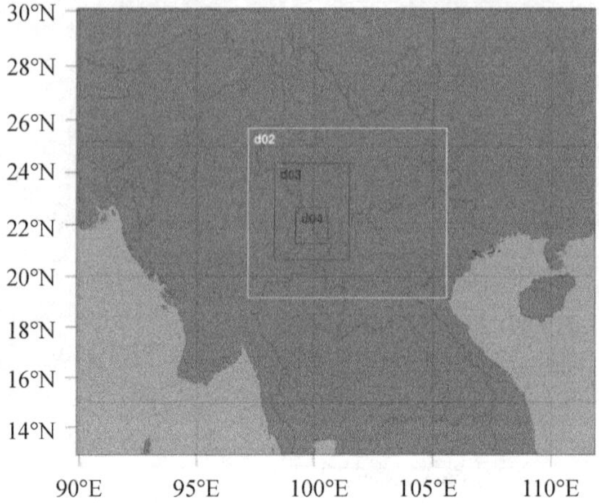

图 13. 2　WRF 嵌套区域设置

8）在 namelist. input（WRF 的 test/em_real 文件夹下）的中设置嵌套区域参数。在 &time_control 部分添加嵌套区域的起止时间和输入输出选项，在 &domains 部分设置积分步长、各层嵌套的区域、网格距及比例，在 &physics、&dynamics 和 &bdy_control 等部分设置各层嵌套的参数，对于网格距小于 10km 的嵌套区域，通常关闭积云对流参数化方案。

```
&time_control
 run_days = 2,
 run_hours = 18,
 run_minutes = 0,
 run_seconds = 0,
 start_year = 2016, 2016, 2016, 2016,
 start_month = 05, 05, 05, 05,
 start_day = 01, 01, 01, 01,
 start_hour = 00, 00, 00, 00,
 end_year = 2016, 2016, 2016, 2016,
 end_month = 05, 05, 05, 05,
 end_day = 02, 02, 02, 02,
 end_hour = 18, 18, 18, 18,
 interval_seconds = 21600
 input_from_file = .true., .true., .true., .true.,
 history_interval = 1440, 1440, 1440, 1440,
 frames_per_outfile = 1000, 1000, 1000, 100
 restart = .false.,
 restart_interval = 2898,
 io_form_history = 2
 io_form_restart = 2
 io_form_input = 2
 io_form_boundary = 2
 auxinput4_inname = "wrflowinp_d01",
 auxinput4_interval = 360, 360, 360, 360
 io_form_auxinput4 = 2
 fine_input_stream = 0, 2, 2, 2,
 io_form_auxinput2 = 2
 /

&domains
 time_step = 150,
 time_step_fract_num = 0,
 time_step_fract_den = 1,
 max_dom = 4,
 s_we = 1,1,1,1,
 s_sn = 1,1,1,1,
 e_we = 85,97,109,139,
 e_sn = 72,82,139,157,
 e_vert = 33, 33, 33, 33,
 p_top_requested = 5000,
 num_metgrid_levels = 28,
 num_metgrid_soil_levels = 4,
 dx = 27000., 9000., 3000., 1000.,
 dy = 27000., 9000., 3000., 1000.,
 grid_id = 1, 2, 3, 4,
 parent_id = 0, 1, 2, 3
 i_parent_start = 1,29,14,32,
 j_parent_start = 1,26,19,24,
 parent_id = 0, 1, 2, 3,
 parent_grid_ratio = 1, 3, 3, 3,
 feedback = 0,
 smooth_option = 1,
 sfcp_to_sfcp = .true.
 /

&physics
 physics_suite = 'tropical'
 cu_physics = -1,0,0,0,
 aer_opt = 1,
 radt = 30, 30, 30, 30,
 bldt = 0, 0, 0, 0,
 cudt = 5, 5, 5, 5
 icloud = 1,
 num_land_cat = 21,
 sf_urban_physics = 0,0,0,0
 sst_update = 1,
 /

&dynamics
 hybrid_opt = 2,
 w_damping = 1,
 diff_opt = 1, 1, 1, 1,
 km_opt = 4, 4, 4, 4,
 diff_6th_opt = 0, 0, 0, 0,
 diff_6th_factor = 0.12, 0.12, 0.12, 0.12,
 base_temp = 290,
 damp_opt = 3,
 zdamp = 5000., 5000., 5000., 5000.,
 dampcoef = 0.2, 0.2, 0.2, 0.2
 khdif = 0, 0, 0, 0,
 kvdif = 0, 0, 0, 0,
 non_hydrostatic = .true., .true., .true., .true.,
 moist_adv_opt = 1, 1, 1, 1
 scalar_adv_opt = 1, 1, 1, 1
 gwd_opt = 1, 1, 1, 1
 /

&bdy_control
 spec_bdy_width = 5,
 specified = .true.,
 nested = .false., .true., .true., .true.,
 /
```

9)链接初始场,运行 real. exe 生成初始场,再运行 wrf. exe 进行数值积分。

```
ln-sf ../../../WPS/met_em. d0 *. 2016-05 * .
mpirun-np 16 real. exe
mpirun-np 16 wrf. exe
```

模式输出结果示例(图 13.3)。

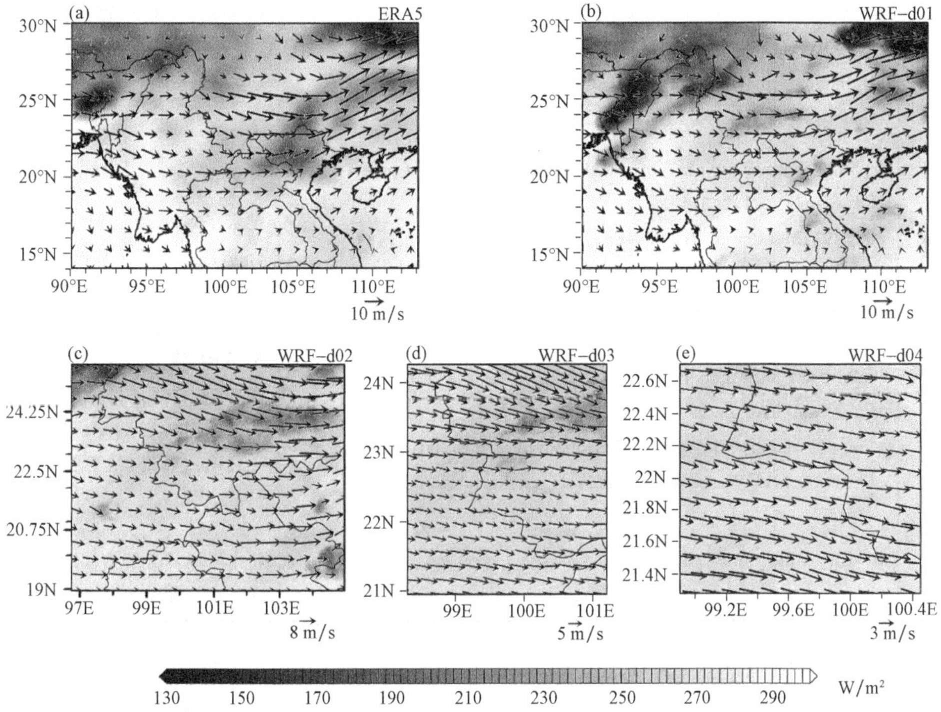

图 13.3　2016 年 5 月 2 日 00 时 700 hPa 水平风场(矢量,单位 m/s)和 OLR(等值线,单位 W/m²)
(a)为 ERA5 再分析资料的结果;(b)为 WRF 最外层区域的模拟结果;
(c)～(d)分别为第一、第二和第三层嵌套区域的模拟结果

本实习采用 NCL 做 WRF 输出后处理,相关代码片段如下:

```
wrfout_folder="/home/test/WRF-4.2.1/WRF/test/em_real/"
lonL=90.
lonR=113.
latS=14.
latN=30.
plev=700.
p_start=4
p_end=4
```

定义 WRF 输出路径(wrfout_folder)、绘图区域(lonL、lonR、latS、latN)、起止时间(p_start、p_end)和高度层(plev)

续表

a=addfile(wrfout_folder +"wrfout_d01_2016-05-01_00:00:00","r") times=wrf_user_getvar(a,"times",-1) print(times(p_start)+" to "+times(p_end)) p=wrf_user_getvar(a,"pressure",-1) data=wrf_user_getvar(a,"OLR",-1) olr_model=rm_single_dims(data(p_start:p_end,:,:)) uvm=wrf_user_getvar(a,"uvmet",-1)	打开 WRF 模式输出数据(wrfout_d01_2016-05-01_00:00:00)，读入输出时次(times)、气压场(存入 p)、OLR(存入 olr_model)和 u、v 风场(存入 uvm)
p_5d=conform(uvm(:,p_start:p_end,:,:,:),p(p_start:p_end,:,:,:),(/1,2,3,4/)) copy_VarMeta(p(p_start:p_end,:,:,:),p_5d(0,:,:,:,:)) uvm_plev=wrf_user_interp_level(uvm(:,p_start:p_end,:,:,:),p_5d,plev,False)	把水平风场插值到等压面层(plev)上，结果存入 uvm_plev
lon2d=wrf_user_getvar(a,"XLONG",0) lat2d=wrf_user_getvar(a,"XLAT",0) uvmgrd=rcm2rgrid_Wrap(lat2d,lon2d,uvm_plev,lat,lon,1) olr=rcm2rgrid_Wrap(lat2d,lon2d,olr_model,lat,lon,1)	把 WRF 输出的水平风场 uvm 和 OLR 插值到再分析资料的经纬度网格上(lat,lon)以方便比较模拟效果，结果分别存入 uvmgrd 和 olr
u=rm_single_dims(uvmgrd(0,:,:,:)) v=rm_single_dims(uvmgrd(1,:,:,:))	将水平风场分解为纬向风和经向风以方便制图

绘图部分代码如下(以 WRF 第一层子图为例)：

wks_type="png" wks_type@wkWidth=2048 wks_type@wkHeight=2048 wks=gsn_open_wks(wks_type,"olr_700uv_May02")	建立绘图空间，图像设置为 png 格式(wks_type="png")，设置宽高像素为 2048(wks_type@wkWidth=2048; wks_type@wkHeight=2048)，绘图空间名称为 olr_700uv_May02(gsn_open_wks(wks_type,"olr_700uv_May02"))。
plot=new(5,graphic)	新建存放五个子图的图像变量
res=True	新建等值线图形属性变量
res@gsnDraw=False	不单独绘制各幅子图
res@gsnFrame=False	输出各子图后不翻页
res@gsnAddCyclic=False	不添加纬向循环点

续表

res@mpDataBaseVersion="MediumRes"	设置地图为中分辨率
res@mpMinLatF=latS res@mpMaxLatF=latN res@mpMinLonF=lonL res@mpMaxLonF=lonR	设置图形经纬度范围
res@mpFillOn=False	取消地图填充
res@mpNationalLineThicknessF=3 res@mpGeophysicalLineThicknessF=4	设置地图国界和陆地边界的线宽
res@cnFillOn=True res@cnLinesOn=False res@cnLineLabelsOn=False	设置为填色等值线图，不显示等值线及其数值标签
res@lbLabelBarOn=False	不显示色标条
res@gsnStringFontHeightF=0.02	设置图形上方标签字体大小
res@tmXBLabelFontHeightF=0.02	设置经度标签字体大小
res@tmXBLabelDeltaF=-0.5	缩小经度标签与刻度线的距离
res@tmYLLabelFontHeightF=0.02	设置纬度标签字体大小
res@tmYLMajorLengthF=0.017	设置纬度刻度线长度
res@tmYLLabelDeltaF=-0.5	缩小纬度标签与刻度线的距离
res@tmXBMode="Explicit"	设置图形下边界经度坐标显示模式为显式模式
res@tmXBValues=fspan(90,110,5)	设置图形下边界经向刻度值
res@tmYLMode="Explicit" res@tmYLValues=fspan(15,30,4)	以类似经度标签的显示方式设置纬度标签值
res@tmXBLabels=res@tmXBValues+"~S~o~N~E" res@tmYLLabels=res@tmYLValues +"~S~o~N~N"	设置经纬度标签的刻度符号(°E和°N)
res@tmXBMajorLengthF=0.012 res@tmXBMajorThicknessF=3.	设置经向主刻度的长度和宽度
res@tmXBMinorOn=True res@tmXBMinorValues=fspan(90,113,24) res@tmXBMinorLengthF=0.008 res@tmXBMinorThicknessF=2.	设置经向副刻度及其长宽属性

续表

40	res@tmYLMajorThicknessF=3.	
41	res@tmYLMajorLengthF=0.012	
42	res@tmYLMinorOn=True	以同样的方式设置纬向主副刻度的长度和宽度
43	res@tmYLMinorValues=fspan(10,30,21)	
44	res@tmYLMinorLengthF=0.008	
45	res@tmYLMinorThicknessF=2.	
46	res@tmXTOn=False	不显示图形上边界和右边界的经纬度坐标轴
47	res@tmYROn=False	
48	gsn_define_colormap(wks,"MPL_gist_gray")	设置显示色卡
49	res@cnLevelSelectionMode="ManualLevels"	设置图形等值线为手动指定模式
50	res@cnMinLevelValF=130.	设置最小等值线值
51	res@cnMaxLevelValF=300.	设置最大等值线值
52	res@cnLevelSpacingF=2.	设置等值线间隔
53	res@gsnLeftStringFontHeightF=0.023	设置图形左上方标签字体大小
54	res@gsnRightStringFontHeightF=res@gsnLeftStringFontHeightF	设置图形右上方标签字体与左侧字体相同
55	res@gsnLeftStringOrthogonalPosF=0.01	设置图形上方标签与边框的垂直距离
56	res@gsnRightStringOrthogonalPosF =0.01	
57	vecres=True	新建风矢量图的属性变量
58	vecres@gsnAddCyclic=False	类似等值线图的属性设置,不单独绘制各幅子图,不翻页,不添加纬向循环点
59	vecres@gsnDraw=False	
60	vecres@gsnFrame=False	
61	vecres@gsnLeftString=""	关闭风矢量图形上方的显示标签
62	vecres@gsnRightString=""	
63	vecres@vcMinDistanceF=0.03	设置相邻风矢量的最短距离
64	vecres@vcGlyphStyle="FillArrow"	风矢量显示为填色型矢量箭头
65	vecres@vcFillArrowFillColor="black"	矢量箭头为黑色
66	vecres@vcFillArrowEdgeColor="white"	矢量箭头边界为白色
67	vecres@vcFillArrowEdgeThicknessF=2	设置矢量箭头边缘宽度
68	vecres@vcFillArrowWidthF=0.05	设置矢量箭杆宽度
69	vecres@vcFillArrowHeadInteriorXF=0.2	设置矢量箭头与箭杆交点的相对位置

续表

70	vecres@vcFillArrowHeadYF=0.15	设置矢量箭头宽度
71	vecres@vcFillArrowHeadMinFracXF=0.8	设置矢量箭头最小长度比例
72	vecres@vcFillArrowHeadMinFracYF=0.8	设置矢量箭头最小宽度比例
73	vecres@vcFillArrowMinFracWidthF=0.8	设置矢量箭杆最小宽度比例
74	vecres@vcRefMagnitudeF=8.	设置风速参考矢量大小为 8 m/s
75	vecres@vcRefLengthF=0.04	设置参考矢量的长度
76	vecres@vcRefAnnoPerimOn=False	设置参考矢量无外框
77	vecres@vcRefAnnoFontHeightF=0.018	设置参考矢量标签字体
78	vecres@vcRefAnnoSide="Bottom"	设置参考矢量相对于图形的位置
79	vecres@vcRefAnnoParallelPosF=0.94	设置参考矢量相对水平位置
80	vecres@vcRefAnnoOrthogonalPosF=0.08	设置参考矢量相对垂直位置
81	vecres@vcRefAnnoString1On=False	关闭参考矢量上方标注
82	vecres@vcRefAnnoString2="VMG m/s"	设置参考矢量下方标注为风速 m/s
83	vecres@vcRefAnnoBackgroundColor="Transparent"	设置参考矢量背景填充色
84	vecres@vcRefAnnoArrowMinOffsetF=0.1	设置参考矢量与标注间最小间隔
85	vecres@vcRefAnnoArrowSpaceF=0.	进一步缩小矢量与标注的距离
86	vecres@lbLabelBarOn=False	关闭色标条
87 88	res@gsnRightString="ERA5" res@gsnLeftString="(a)"	设置图形上方标注
89	plot(0)=gsn_csm_contour_map(wks,olr,res)	绘制 OLR 等值线图
90	plot_vector=gsn_csm_vector(wks,u,v,vecres)	绘制风矢量
91	overlay(plot(0),plot_vector)	把风矢量叠加到等值线图上

上述代码示例为 plot_olr_overlay_700hPa_winds.ncl。NCL 相关命令设置、程序示例和用户资源可参考：NCL 官网 https://www.ncl.ucar.edu/及其后续 Python 版工具包 GeoCAT 的官方网 https://geocat.ucar.edu/。

习题

在同样的研究区域上设置单项嵌套(one-way nest),进行数值模拟实验。撰写实习报告,比较双向嵌套和单向嵌套的模拟效果。操作步骤可参考官网指南(https://www2.mmm.ucar.edu/wrf/OnLineTutorial/CASES/NestRuns/ndown.php)。

实习 14　WRF 模式对云南一次强降水过程的模拟分析

14.1　实习目的

通过 WRF 模拟实验研究云南一次强降水过程，揭示相应大气环流演变过程及其动力和热力特征，掌握应用 WRF 模式研究天气过程的实验设计思路和结果分析方法。

14.2　实习要求

根据所分析的强降水过程，设置适当参数后运行 WRF 模式，撰写实习报告。要求学生必须在机房现场操作，实习教师随堂讲解和指导。运行环境提倡 Ubuntu 或 CentOS。

14.3　相关知识回顾

近年来，气候变暖加剧了全球极端天气气候事件，高温热浪、干旱洪涝、强台风等极端天气事件发生频次逐年增多。云南地处低纬高原，地形地貌复杂，全省共 7 个气候类型，暴雨具有明显的地域性、突发性和群发性特点。川滇切变线、青藏高压和西太平洋副热带高压之间的辐合区是影响云南夏季强降水过程的主要天气系统。中国西南地区在经历过 2010 年特大干旱之后，于 2020 年春季再次经历特大干旱，气温明显攀升，大风天气频繁。2020 年夏季降水逐渐增多，旱情走势有所缓解，云南昆明、楚雄、大理、普洱和西双版纳等地区于 2020 年 7 月 12 日（简称“7・12”）08 时至 13 日 08 时，经历了强降雨天气过程（图 14.1）。昆明主城区累计降雨量突破历史极值，城市严重内涝灾害，给城市正常运行和人民生活带来不利影响。前人研究表明 WRF 模式能较好地再现云南地区强降水发生的高湿水汽条件以及强烈上升运动、正涡度带和下正上负垂直螺旋度结构等动力条件。因此，本实习通过 WRF 模拟实验分析“7・12”区域性强降水过程相关的水汽和动力条件。

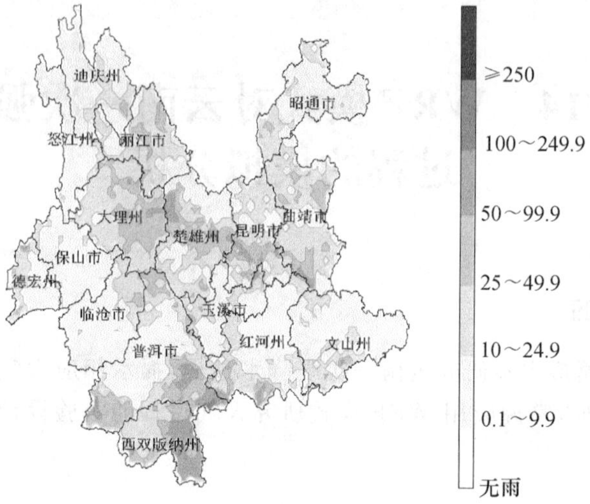

图 14.1　2020 年 7 月 12 日 08 时至 13 日 08 时云南省 24 h 累计降水量(mm)

14.4　实习内容

(1)采用三重嵌套 WRF 模拟实验对“7・12”昆明区域性强降水过程进行回报实验。模式最外层(模拟区域 1)包括云南所处低纬高原区及其周边国家和地区，中心设为(24.8°N,100.2°E)，网格距设为 27 km，共 107×88 个格点。第一层嵌套区域包括整个云南省，空间分辨率为 9 km；第二层嵌套区域包括此次强降水过程的主要影响区域(滇中和滇南地区)，空间分辨率为 3 km(图 14.2)。为保证 WRF 模式冷启动后有充足的初始化调整时间，把模式的启动时间设置为 2020 年 6 月 10 日 00:00，积分步长设为 120 s，模式初始化后一直积分到 2020 年 7 月 13 日 08 时。

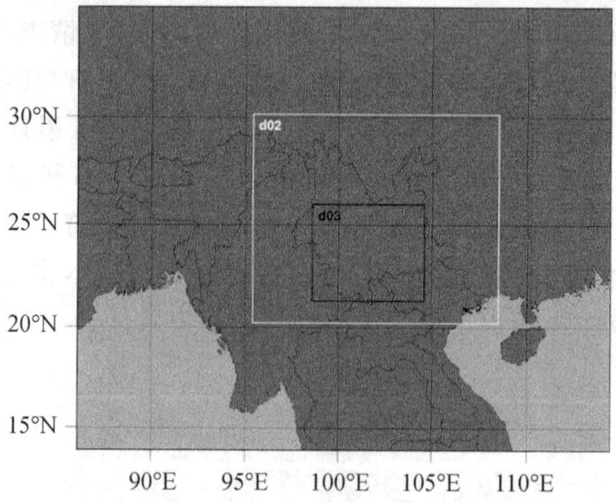

图 14.2　WRF 实验嵌套区域设置图

(2)模拟结果与实况的比较

7 月 12 日 08 时至 13 日 08 时的累计降水量实况和模拟结果如图 14.3 所示，图中阴影区分别对应降水量阈值 0.1 mm、10 mm、25 mm、50 mm 和 100 mm，它们分别代表小雨、中雨、大雨、暴雨及大暴雨。此次降水过程的大值区域位于滇中和滇南地区(图 14.3a)。滇中雨带较长，呈东北-西南走向，雨带东北端起始于大理州东北部的点 A(26°N，99.8°E)附近，雨带上的降水大值中心主要位于大理和楚雄的北部交界点 B(25.7°N，101°E)附近，以及昆明主城区点 C(25.3°N，102.3°E)附近，以及曲靖南部点 D(24.7°N，104°E)附近。WRF 模拟结果总体上再现了此次强降水过程的主要特征，降水大值区的空间分布特征及其降水强度与观测资料基本符合(图 14.3b～d)。随着嵌套网格精细程度的提高，降水分布的细节特征也有更好的体现。模拟偏差主要体现在滇中地区雨带相对狭窄，大理、曲靖南部和西双版纳南部的降水量模拟偏少，滇西边境线附近降水模拟偏多。虽然存在上述偏差，WRF 模拟结果能够相对准确地反映降水实况的空间分布特征，较好地体现了雨强和雨带的变化趋势。

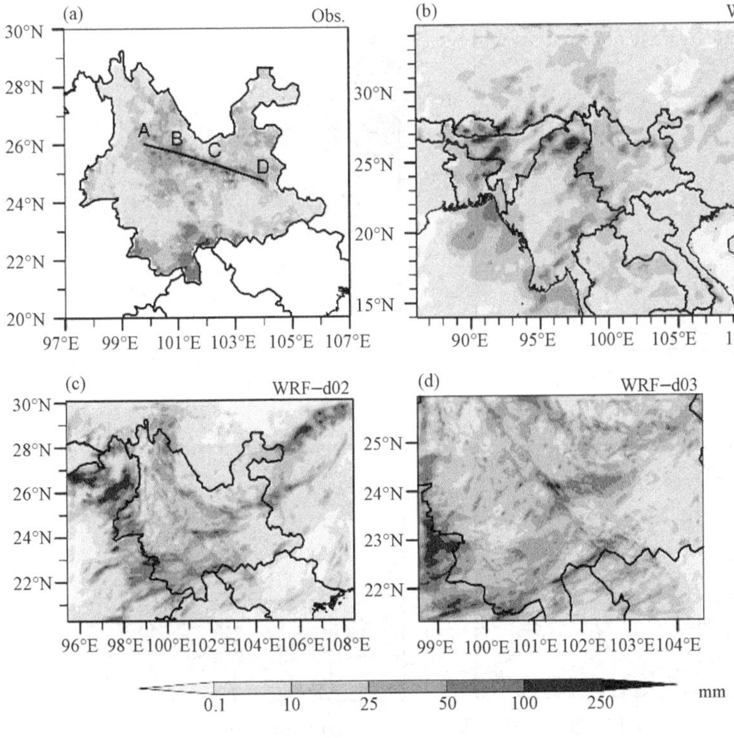

图 14.3　2020 年 7 月 12 日 08 时至 13 日 08 时的累计降水量(单位：mm)

(a)气象台站观测值(线段 ABCD 表示雨带主体的位置)；(b)WRF 最外层模拟结果；(c)第一层嵌套模拟结果；(d)第二层嵌套模拟结果

(3)分析暴雨过程中的大气环流系统配置

本节选取 2020 年 7 月 12 日 08 时至 13 日 08 时的 WRF 输出，采用 ERA5 再分析资料作为观测对照数据，对影响降水过程的中低层大气环流场、气温、相对湿度和垂直螺旋度等进行比较分析。ERA5 和 WRF 数据均采用研究时段的平均值。

1)500 hPa 重力位势和气温

云南地区重力位势分布总体上表现为一个类似马蹄形的低槽配置，从青藏高原东南缘延伸到滇中地区，滇中和滇南强降水雨带受到 5857 gpm 等高线控制(图 14.4)。WRF 模拟的位势高度场分布与 ERA5 的基本相同。低槽从滇西北向东延伸到滇中地区。WRF 模拟的位势高度总体上比 ERA5 高约 5～10 gpm，空间分布差异主要体现在滇西北部的低槽东南延伸偏弱，而滇西南部的低压槽整体偏北。WRF 模拟的气温分布和 ERA5 资料总体上一致，等温线从滇中北部至四川凉山一带的数值相对偏低，而在滇东北地区气温略微偏高。总体来看，WRF 模拟的中层大气低压系统位置和冷空气走向与 ERA5 较为接近，为准确模拟降水提供了较好的大气动力和热力背景状况。

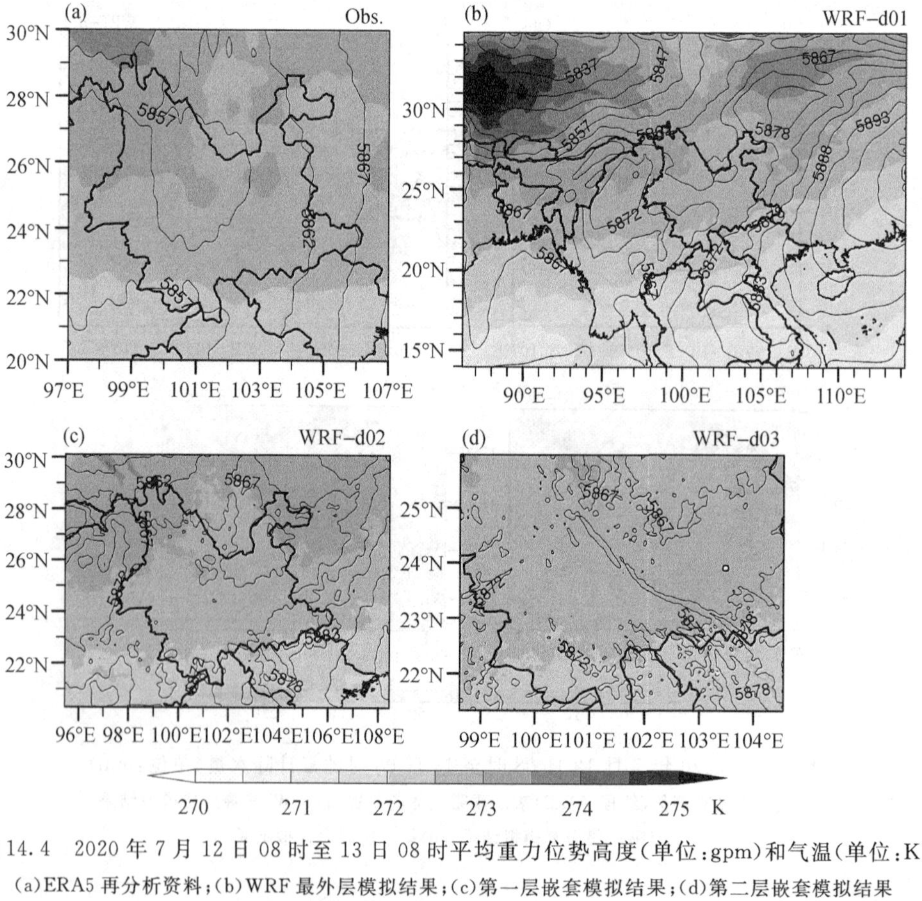

图 14.4　2020 年 7 月 12 日 08 时至 13 日 08 时平均重力位势高度(单位：gpm)和气温(单位：K)

(a)ERA5 再分析资料；(b)WRF 最外层模拟结果；(c)第一层嵌套模拟结果；(d)第二层嵌套模拟结果

2)700 hPa 大气环流场

云南大部地区被一个强大的气旋性环流所覆盖，与位势高度场的低槽特征相一致(图 14.5)。气旋东北部的偏北风有助于加强冷空气南下入滇，气旋东南侧的西南风有助于增加来自孟加拉湾的水汽向云南输送。WRF 模式能够相对准确地再现再分析资料的空间分布特征，模拟偏差表现为滇西北气旋式环流中心偏东到达东川市附近，造成云南中西部上空辐合偏弱，降水量模拟偏少。此外贵州西部气旋式环流偏强，其西侧外围的相对辐散区覆盖了云南东部，造成此区域部分地区模拟的降水偏少。云南南部为西风和西南风交汇而成的辐合区，模拟结果呈现出相对一致的西南风，局部辐合减弱导致降水量模拟偏少。综合上述分析，WRF 模式能够相对准确地再现低层大气环流特征，为降水模拟提供了较好的大气动力背景。

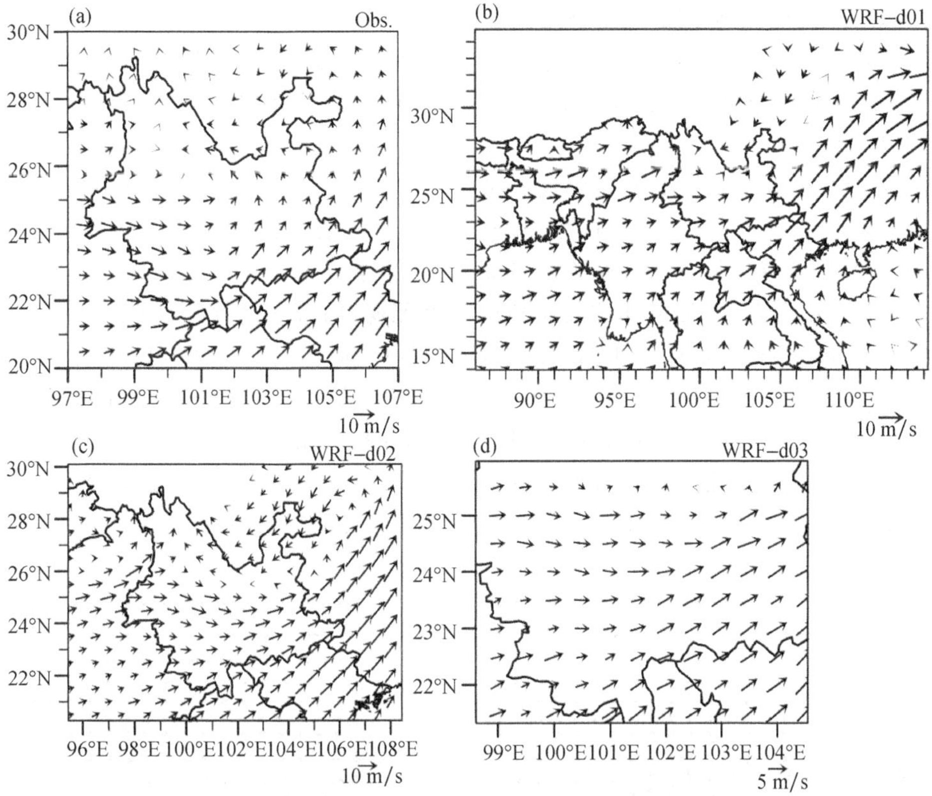

图 14.5　2020 年 7 月 12 日 08 时至 13 日 08 时平均 700 hPa 水平风场(单位：m·s^{-1})
(a)ERA5 再分析资料；(b)WRF 最外层模拟结果；(c)第一层嵌套模拟结果；(d)第二层嵌套模拟结果

3)大气湿度、垂直速度和螺旋度

为分析 WRF 对雨带内部大气环流和水汽变化的模拟效果，沿滇中雨带

(图 14.3a中的 ABCD)计算垂直速度、垂直螺旋度和相对湿度的垂直剖面。螺旋度定义为风速和涡度点积的体积分(伍荣生,1990)。

$$H=\iiint_{\tau}\boldsymbol{V}\cdot(\nabla\wedge\boldsymbol{V})\mathrm{d}\tau \tag{14.1}$$

式中 $h=\boldsymbol{V}\cdot(\nabla\wedge\boldsymbol{V})$为螺旋度密度,简称螺旋度,在 p 坐标系中展开为

$$\begin{aligned}h&=\left(\frac{\partial\omega}{\partial y}-\frac{\partial v}{\partial p}\right)u+\left(\frac{\partial u}{\partial p}-\frac{\partial\omega}{\partial x}\right)v-\left(\frac{\partial v}{\partial x}-\frac{\partial u}{\partial y}\right)\omega\\&=\xi\times u+\eta\times v-\omega\times\zeta\end{aligned} \tag{14.2}$$

其中 $\omega\times\zeta$ 为垂直螺旋度,与强对流天气过程密切相关,反映天气系统维持状况及天气系统发展强度。

本次滇中雨带的形成受到其上空气旋式环流的影响,雨带上降水大值区(BC 附近)为贯穿对流层中低层的强上升气流,雨带东北端(A)和西南端(D)附近上升运动相对较弱(图 14.6a)。WRF 的模拟结果相对准确地再现了上述垂直环流变化特征。主要偏差为雨带上游上升运动偏弱,而雨带下游偏西风也偏弱。这与 WRF 模拟的雨带以及气旋式环流的位置偏差有关(图 14.6b)。垂直螺旋度表现为低层有气旋性正涡度辐合,高层有反气旋性负涡度辐散(图 14.6c)。该垂直结构对应明显的大气辐合上升运动和大气抽吸作用,为强降水的发展和维持创造了有利的动力条件。WRF 的模拟结果也呈现出一个类似的垂直结构,主要偏差为中低层大气存在小范围的负螺旋度分布,雨带中部的高层负螺旋度偏弱,雨带东南部的高层负螺旋度偏强(图 14.6d)。雨带上大气相对湿度较高,为深厚的高湿层,在 400 hPa 以下的中低层大气相对湿度都超过 90%(图 14.6e)。这样高湿的大气环境为强降水过程提供了充足的水汽供应,有助于持续性降水的发生。WRF 的模拟结果能再现这样的高湿环境,主要偏差为对流层高层的相对湿度偏小(图 14.6f)。上述分析表明 WRF 模拟实验能够再现本次强降水过程中大气动力和水汽的垂直结构特征。

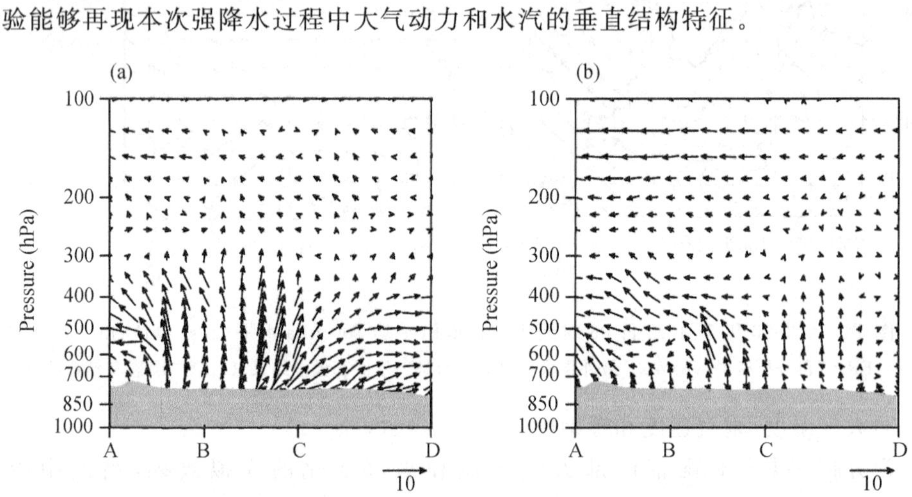

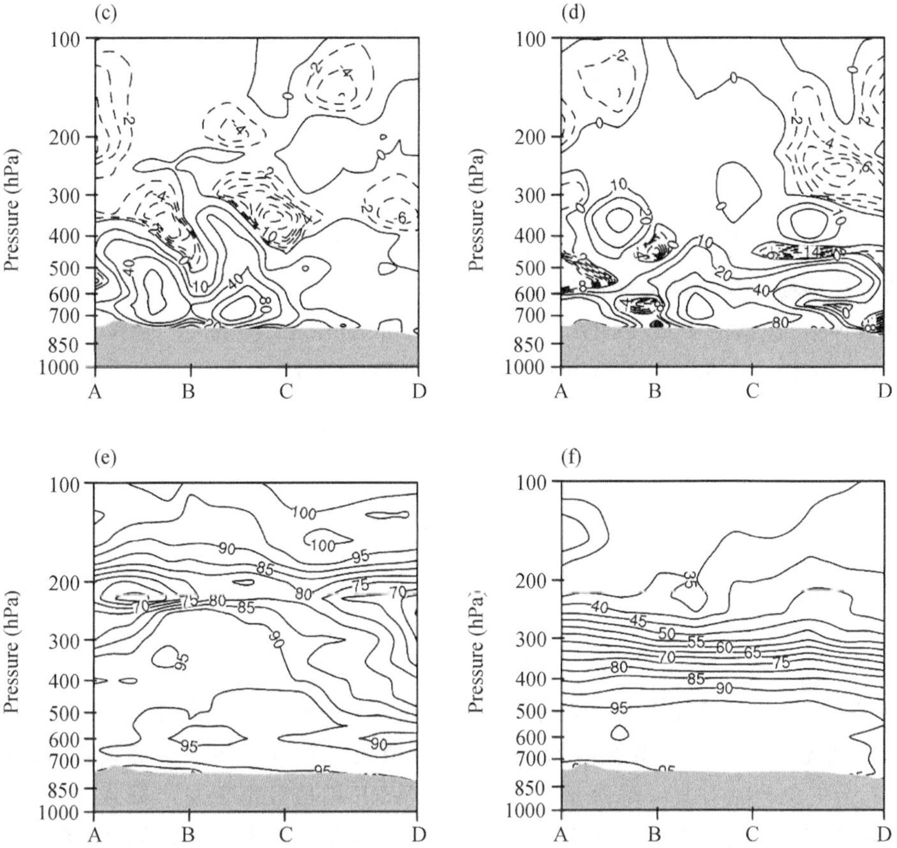

图 14.6　2020 年 7 月 12 日 08 时至 13 日 08 时滇中雨带上空大气垂直环流
(a)垂直环流 ERA5;(b)WRF(水平风速单位:m/s,垂直风速单位:Pa/s);(c)垂直螺旋度 ERA5;
(d)WRF(单位:10^{-6} hPa · s^{-2});(e)相对湿度 ERA5;(f)WRF(单位:%)

习题

采用 Taylor 图方法(Taylor,2001)对 WRF 模拟的滇南地区累计降水量进行评估。Taylor 图能直观地反映出模拟结果相对于观测资料的空间相关系数(CC)、均方根误差(RMSE)和标准差(STD)的综合信息,各指标计算公式如下

$$\mathrm{CC}=\frac{\sum_{i=1}^{n}(X_i-\overline{X})(Y_i-\overline{Y})}{\sqrt{\sum_{i=1}^{n}(X_i-\overline{X})^2}\sqrt{\sum_{i=1}^{n}(Y_i-\overline{Y})^2}} \tag{14.3}$$

$$RMSE = \sqrt{\frac{\sum_{i=1}^{n} (X_i - Y_i)^2}{n}} \tag{14.4}$$

$$STD = \sqrt{\frac{\sum_{i=1}^{n} (X_i - \overline{X})^2}{n}} \tag{14.5}$$

其中X_i为 WRF 模拟值，Y_i为测站降水值，n 为测站数。在实际计算中采用邻近取样插值方法将模式输出结果插值到观测站点上，然后采用下面四个指标对降水模拟结果进行评估，包括命中率 POD(Probability of detection)、空报率 FAR(False alarm ratio)、TS(Threat Score)评分和准确率(ACCURACY)。

$$POD=\frac{N_A}{N_A+N_B} \tag{14.6}$$

$$FAR=\frac{N_B}{N_A+N_B} \tag{14.7}$$

$$TS=\frac{N_A}{N_A+N_B+N_C} \tag{14.8}$$

$$ACCURACY=\frac{N_A+N_D}{N_A+N_B+N_C+N_D} \tag{14.9}$$

其中，N_A为气象台站和 WRF 模拟数据同时有某一降水量等级降水的测站数；N_B为气象台站无某一降水量等级降水而 WRF 模拟数据有对应降水量等级降水的测站数；N_C为气象台站有某一降水量等级降水而 WRF 模拟数据无对应降水量等级降水的测站数，N_D为气象台站和 WRF 模拟数据同时无某一降水量等级降水的测站数。

参考文献

沈桐立,田永祥,陈德辉,等,2015. 数值天气预报(第 2 版)[M]. 北京:气象出版社.

王澄海,隆霄,杨毅,2011. 大气数值模式及模拟[M]. 北京:气象出版社.

伍荣生,1990. 大气动力学[M]. 北京:气象出版社.

宇如聪,1992. 有限区域数值预报模式的设计及其对雅安天漏的数值预报试验[D]. 北京:中国科学院大气物理研究所.

Angevine W M,Jiang H L,Mauritsen T,2010. Performance of an eddy diffusivity-mass flux scheme for shallow cumulus boundary layers[J]. Monthly Weather Review,138:2895-2912.

Arakawa A, Lamb V R,1977. Computational design of the basic dynamical processes of the UCLA general circulation model[J]. Methods in Computational Physics: Advances in Research and Applications,17:173-265.

Bae S Y,Hong S Y,Tao W K,2019. Development of a single-moment cloud microphysics scheme with prognostic hail for the weather research and forecasting(WRF)model[J]. Asia-Pacific Journal of Atmospheric Sciences,55:233 -245.

Baek S,2017. A revised radiation package of G-packed McICA and two-stream approximation: Performance evaluation in a global weather forecasting model[J]. Journal of Advances in Modelling Earth Systems,9:1628-1640.

Benjamin S G,Georg A G,John M B,et al,2004. Mesoscale weather prediction with the RUC hybrid isentropic-terrain-following coordinate model[J]. Monthly Weather Review,132:473-494.

Berg L K,Gustafson W I,Kassianov E I,et al, 2013. Evaluation of a modified scheme for shallow convection: Implementation of CuP and case studies[J]. Monthly Weather Review,141:134 -147.

Bougeault P, Lacarrere P,1989. Parameterization of orography-induced turbulence in a mesobeta-scale model[J]. Monthly Weather Review,117:1872-1890.

Bretherton C S, Park S,2009. A new moist turbulence parameterization in the Community Atmosphere Model[J]. Journal of Climate,22:3422-3448.

Choi H,Hong S,2015. An updated subgrid orographic parameterization for global atmospheric forecast models[J]. Journal of Geophysical Research: Atmospheres,120:12445-12457.

Chou M D,Suarez M J,1994. An efficient thermal infrared radiation parameterization for use in general circulation models[R].

Chou M D,Suarez M J,1999. A solar radiation parameterization for atmospheric studies[R].

Chou M D,Suarez M J,Liang X Z,et al,2001. A thermal infrared radiation parameterization for atmospheric studies[R].

Collins W D, Rasch P J, Boville B A, et al, 2004. Description of the NCAR Community Atmosphere Model(CAM 3.0)[R].

Deng A, Seaman N L, Kain J S, 2003. A shallow-convection parameterization for mesoscale models. Part I: Submodel description and preliminary applications[J]. Journal of the Atmospheric Sciences, 60: 34-56.

Dudhia J, 1989. Numerical study of convection observed during the Winter Monsoon Experiment using a mesoscale two-dimensional model[J]. Journal of the Atmospheric Sciences, 46: 3077-3107.

DudhiaJ, 1996. A multi-layer soil temperature model for MM5[C]. The Sixth PSU/NCAR Mesoscale Model Users Workshop, Boulder, Colorado, US.

Fels S B, Schwarzkopf M D, 1981. An efficient, accurate algorithm for calculating CO_2 15 μm band cooling rates[J]. Journal of Geophysical Research: Atmospheres, 86: 1205-1232.

Fitch A C, Olson J B, Lundquist J K, et al, 2012. Local and mesoscale impacts of wind farms as parameterized in a mesoscale NWP model[J]. Monthly Weather Review, 140: 3017-3038.

Fu Q, Liou K N, 1992. On the correlated k-distribution method for radiative transfer in nonhomogeneous atmospheres[J]. Journal of the Atmospheric Sciences, 49: 2139-2156.

Gilliam R C, Pleim J E, 2010. Performance assessment of new land-surface and planetary boundary layer physics in the WRF-ARW[J]. Journal of Applied Meteorology and Climatology, 49: 760-774.

Grell G A, 1993. Prognostic evaluation of assumptions used by cumulus parameterizations[J]. Monthly Weather Review, 121: 764-787.

Grell G A, Dévényi D, 2002. A generalized approach to parameterizing convection combining ensemble and data assimilation techniques[J]. Geophysical Research Letters, 29: 1693.

Grell G A, Freitas S R, 2014. A scale and aerosol aware stochastic convective parameterization for weather and air quality modeling[J]. Atmospheric Chemistry and Physics, 14: 5233-5250.

Grenier H, Bretherton C S, 2001. A moist PBL parameterization for large-scale models and its application to subtropical cloud-topped marine boundary layers[J]. Monthly Weather Review, 129: 357-377.

Gu Y, Liou K N, Ou S C, et al, 2011. Cirrus cloud simulations using WRF with improved radiation parameterization and increased vertical resolution[J]. Journal of Geophysical Research: Atmospheres, 116: D06119.

Han J, Pan H L, 2011. Revision of convection and vertical diffusion schemes in the NCEP Global Forecast System[J]. Weather and Forecasting, 26: 520-533.

Hong S Y, Pan H L, 1996. Nonlocal boundary layer vertical diffusion in a medium-range forecast model[J]. Monthly Weather Review, 124: 2322-2339.

Hong S H, Sun W Y, 2002. A one-dimensional time dependent cloud model[J]. Journal of the Meteorological Society of Japan. Ser. II, 80: 99-118.

Hong S Y, Dudhia J, Chen S H, 2004. A revised approach to ice microphysical processes for the bulk parameterization of clouds and precipitation[J]. Monthly Weather Review, 132: 103-120.

Hong S Y, Lim J O J, 2006. The WRF single-moment 6-class microphysics scheme (WSM6) [J]. Journal of the Korean Meteorological Society, 42: 129-151.

Hong S Y, Noh Y, Dudhia J, 2006. A new vertical diffusion package with an explicit treatment of entrainment processes[J]. Monthly Weather Review, 134: 2318-2341.

Hong S Y, Choi J, Chang E C, et al, 2008. Lower-tropospheric enhancement of gravity wave drag in a global spectral atmospheric forecast model[J]. Weather and Forecasting, 23: 523-531.

Hong S Y, Jang J H, 2018. Impacts of shallow convection processes on a simulated boreal summer climatology in a global atmospheric model[J]. Asia-Pacific Journal of Atmospheric Sciences, 54: 361-370.

Iacono M J, Delamere J S, Mlawer E J, 2008. Radiative forcing by long-lived greenhouse gases: Calculations with the AER radiative transfer models[J]. Journal of Geophysical Research: Atmospheres, 113: D13103.

Janjić Z I, 1979. Forward-backward scheme modified to prevent two-grid-interval noise and its application in sigma coordinate models [J]. Contributions to Atmospheric Physics, 52: 69-84.

Janjić Z I, 1994. The step-mountain eta coordinate model: further developments of the convection, viscous sublayer, and turbulence closure schemes[J]. Monthly Weather Review, 122: 927-945.

Janjić Z I, 2000. Comments on "development and evaluation of a convection scheme for use in climate models"[J]. Journal of the Atmospheric Sciences, 57: 3686.

JensenA A, Harrington J Y, Morrison H, et al, 2017. Predicting ice shape evolution in a bulk microphysics model[J]. Journal of the Atmospheric Sciences, 74: 2081-2104.

Jin J, Wen L, 2012. Evaluation of snowmelt simulation in the Weather Research and Forecasting model[J]. Journal of Geophysical Research: Atmospheres, 117: D10110.

Kain J S, Fritsch J M, 1990. A one-dimensional entraining/detraining plume model and its application in convective parameterization[J]. Journal of the Atmospheric Sciences, 47: 2784-2802.

Kain J S, 2004. The Kain-Fritsch convective parameterization: An update[J]. Journal of Applied Meteorology and Climatology, 43: 170-181.

Katata G, 2014. Fogwater deposition modeling for terrestrial ecosystems: A review of developments and measurements[J]. Journal of Geophysical Research Atmospheres, 119: 8137-8159.

Kessler E, 1969. On the distribution and continuity of water substance in atmoshperic circulations [M]. Meteorological Monographs.

Khain A P, Pokrovsky A, Pinsky M, et al, 2004. Effects of atmospheric aerosols on deep convective clouds as seen from simulations using a spectral microphysics mixed-phase cumulus cloud model. Part I: Model description[J]. Journal of the Atmospheric Sciences, 61: 2963-2982.

Khain A P, Lynn B, Dudhia J, 2010. Aerosol effects on intensity of landfalling hurricanes as seen from simulations with the WRF Model with spectral bin microphysics[J]. Journal of the Atmospheric Sciences, 67: 365-384.

Kim Y J, Arakawa A, 1995. Improvement of orographic gravity wave parameterization using a mesoscale gravity wave model[J]. Journal of the Atmospheric Sciences, 52: 1875-1902.

Kwon Y C, Hong S Y, 2017. A mass-flux cumulus parameterization scheme across gray-zone resolutions[J]. Monthly Weather Review, 145: 583-598.

Laprise R, 1992. The Euler Equations of motion with hydrostatic pressure as independent variable [J]. Monthly Weather Review, 120: 197-207.

Lawrence D M, Oleson K W, Flanner M G, et al, 2011. Parameterization improvements and functional and structural advances in version 4 of the Community Land Model[J]. Journal of Advances in Modelling Earth Systems, 3: M03001.

Li D, Bou-Zeid E, Barlage M, Chen F, et al, 2013. Development and evaluation of a mosaic approach in the WRF-Noah framework [J]. Journal of Geophysical Research: Atmospheres, 118: 11918-11935.

Lim K S, Hong S Y, 2010. Development of an effective double-moment cloud microphysics scheme with prognostic Cloud Condensation Nuclei (CCN) for weather and climate models[J]. Monthly Weather Review, 138: 1587-1612.

Lin Y, Donner L J, Colle B A, 2011. Parameterization of riming intensity and its impact on ice fall speed using ARM Data[J]. Monthly Weather Review, 139: 1036-1047.

Lu Y, Kueppers L M, 2012. Surface energy partitioning over four dominant vegetation types across the United States in a coupled regional climate model (Weather Research and Forecasting Model 3-Community Land Model 3.5)[J]. Journal of Geophysical Research: Atmospheres, 117: D06111.

Mansell E R, Ziegler C L, Bruning E C, 2010. Simulated electrification of a small thunderstorm with two-moment bulk microphysics[J]. Journal of the Atmospheric Sciences, 67: 171-194.

Matsui T, Zhang S Q, Tao W K, 2018. Impact of radiation frequency, precipitation radiative forcing, and radiation column aggregation on convection-permitting West African Monsoon simulations [J]. Climate Dynamics, 55: 193-213.

Mesinger F and Arakawa A, 1976. Numerical methods used in atmospheric models[C]. International Council of Scientific Unions—World Meteorological Organization, Geneva, Switzerland.

Mesinger F, 1981. Horizontal advection schemes of a staggered grid—An enstrophy and energy-conserving model[J]. Monthly Weather Review, 109: 467-478.

Milbrandt J A, Yau M K, 2005a. A multimoment bulk microphysics parameterization. Part I: Analysis of the role of the spectral shape parameter [J]. Journal of the Atmospheric Sciences, 62: 3051-3064.

Milbrandt J A, Yau M K, 2005b. A multimoment bulk microphysics parameterization. Part II: A proposed three-moment closure and scheme description[J]. Journal of the Atmospheric Sciences, 62: 3065-3081.

Mlawer E J, Taubman S J, Brown P D, et al, 1997. Radiative transfer for inhomogeneous atmospheres: RRTM, a validated correlated-k model for the longwave[J]. Journal of Geophysical Research: Atmospheres, 102: 16663-16682.

Morrison H, Thompson G, Tatarskii V, 2009. Impact of cloud microphysics on the development of trailing stratiform precipitation in a simulated squall line: comparison of one-and two-moment schemes[J]. Monthly Weather Review,137:991-1007.

Morrison H, Milbrandt J A,2015. Parameterization of ice microphysics based on the prediction of bulk particle properties. Part I:Scheme description and idealized tests[J]. Journal of Atmospheric Sciences,72:287-311.

Nakanishi M, Niino H,2006. An improved Mellor-Yamada level 3 model:its numerical stability and application to a regional prediction of advecting fog[J]. Boundary Layer Meteorology, 119: 397-407.

Nakanishi M, Niino H,2009. Development of an improved turbulence closure model for the atmospheric boundary layer[J]. Journal of the Meteorological Society Japan,87:895-912.

Neale R B,Chen C C,Gettelman A,et al,2012. Description of the NCAR Community Atmosphere Model(CAM 5.0)[R]. NCAR Technical Note,NCAR TN(486).

Niu G Y,Yang Z L,Mitchell K E,et al,2011. The community Noah land surface model with multiparameterization options(Noah-MP):1. Model description and evaluation with local-scale measurements [J]. Journal of Geophysical Research:Atmospheres,116:D12109.

Noilan J, Planton S,1989. A simple parameterization of land surface processes for meteorological models[J]. Monthly Weather Review,117:536-549.

Oleson K W, Lawrence D M, Bonan G B, Flanner M G, Kluzek E, Lawrence P J, and Zeng X, 2010. Technical description of version 4 of the Community Land Model(CLM)[R].

Olson J B,Jaymes S K,Wayne M A,et al,2019. A description of the MYNN-EDMF scheme and the coupling to other components in WRF-ARW[R].

Pan H L, Wu W S,1995. Implementing a mass flux convective parameterization package for the NMC medium range forecast model[R].

Park S, Bretherton C S,2009. The University of Washington shallow convection and moist turbulence schemes and their impact on climate simulations with the Community Atmosphere Model [J]. Journal of Climate,22:3449-3469.

Phillips N A,1957. A coordinate system having some special advantages for numerical forecasting [J]. Journal of Atmospheric Sciences,14:184-185.

Pleim J E, Xiu A,1995. Development and testing of a surface flux and planetary boundary layer model for application in mesoscale models[J]. Journal of Applied Meteorology and Climatology, 34:16-32.

Pleim J E, Xiu A,2003. Development of a land surface model. Part II:Data assimilation[J]. Journal of Applied Meteorology and Climatology,42:1811-1822.

Pleim J E,2007. A combined local and nonlocal closure model for the atmospheric boundary layer. Part I:Model description and testing[J]. Journal of Applied Meteorology and Climatology,46: 1383-1395.

Pleim J E, Gilliam R,2009. An indirect data assimilation scheme for deep soil temperature in the Pleim-Xiu land surface model[J]. Journal of Applied Meteorology and Climatology, 48: 1362-1376.

Rogers E,Black T,Ferrier B,et al,2001. Changes to the NCEP Meso Eta Analysis and Forecast System: Assimilation of observed precipitation, upgrades to land-surface physics, modified 3DVAR analysis[R].

Shin H H, Hong S Y,2015. Representation of the subgrid-scale turbulent transport in convective boundary layers at gray-zone resolutions[J]. Monthly Weather Review,143:250-271.

Skamarock W C,Klemp J B,Dudhia J,et al,2019. A Description of the Advanced Research WRF model version 4[R].

Subin Z M,Riley W J,Jin J,et al,2011. Ecosystem feedbacks to climate change in California:Development,testing,and analysis using a coupled regional atmosphere and land surface model(WRF3-CLM3. 5)[J]. Earth Interactions,15:1-38.

Sukoriansky S,Galperin B,Perov V,2005. Application of a new spectral model of stratified turbulence to the atmospheric boundary layer over sea ice[J]. Boundary Layer Meteorology, 117: 231-257.

Sun S, Xue Y,2001. Implementing a new snow scheme in Simplified Simple Biosphere Model(SSiB)[J]. Advances in Atmospheric Sciences,18:335-354.

Tao W K,Simpson J,McCumber M,1989. An ice-water saturation adjustment[J]. Monthly Weather Review,117:231-235.

Tao W K,Wu D,Lang S,Chern J D,et al, 2016. High-resolution NU-WRF simulations of a deep convective-precipitation system during MC3E: Further improvements and comparisons between Goddard microphysics schemes and observations[J]. Journal of Geophysical Research: Atmospheres,121:1278-1305.

Tewari M,Chen F,Wang W,et al,2004. Implementation and verification of the unified NOAH land surface model in the WRF model[C]. 20th conference on weather analysis and forecasting/16th conference on numerical weather prediction,American Meteorological Society:Seattle,WA,US.

Thompson G,Field P R,Rasmussen R M,et al,2008. Explicit forecasts of winter precipitation using an improved bulk microphysics scheme. Part II:Implementation of a new snow parameterization[J]. Monthly Weather Review,136:5095-5115.

Thompson G, Eidhammer T,2014. A study of aerosol impacts on clouds and precipitation development in a large winter cyclone[J]. Journal of the Atmospheric Sciences,71:3636-3658.

Tiedtke M,1989. A comprehensive mass flux scheme for cumulus parameterization in large-scale models[J]. Monthly Weather Review,117:1779-1800.

Wang Z,Zeng X,Decker M,2010. Improving snow processes in the Noah land model[J]. Journal of Geophysical Research:Atmospheres,115:D20108.

Winninghoff F J,1968. On the adjustment toward a geostrophic balance in a simple primitive equation model with application to the problems of initialization and objective analysis [D]. Ph. D. thesis,University of California,Los Angeles.

Xiu A J, Pleim J E,2001. Development of a land surface model. Part I: Application in a mesoscale meteorological model[J]. Journal of Applied Meteorology and Climatology,40:192-209.

Xue Y, Sellers P J, Kinter J L, et al, 1991. A simplified biosphere model for global climate studies [J]. Journal of Climate, 4: 345-364.

Yang Z L, Niu G Y, Mitchell K E, et al, 2011. The community Noah land surface model with multiparameterization options (Noah-MP): 2. Evaluation over global river basins[J]. Journal of Geophysical Research: Atmospheres, 116: D12110.

Zhang C, Wang Y Q, Hamilton K, 2011. Improved representation of boundary layer clouds over the southeast pacific in ARW-WRF using a modified Tiedtke cumulus parameterization scheme[J]. Monthly Weather Review, 139: 3489-3513.

Zhang C, Wang Y, 2017. Projected future changes of tropical cyclone activity over the western north and south pacific in a 20-km-mesh regional climate model[J]. Journal of Climate, 30: 5923-5941.

Zhang G J, McFarlane N A, 1995. Sensitivity of climate simulations to the parameterization of cumulus convection in the Canadian climate centre general circulation model[J]. Atmosphere-Ocean, 33: 407-446.

Zheng Y, Alapaty K, Herwehe J A, et al, 2016. Improving high-resolution weather forecasts using the Weather Research and Forecasting (WRF) Model with an updated Kain-Fritsch scheme[J]. Monthly Weather Review, 144: 833-860.

